想搬到家居买手店一样的房子

轻奢主义

[美] 泰德 · 肯尼迪 · 沃森 著　　姜帆 译

浙江摄影出版社

Originally published in 2014 in the U.S. by Sterling Publishing Co., Inc. under the title
STYLE & SIMPLICITY: AN A TO Z GUIDE TO LIVING A MORE
BEAUTIFUL LIFE
This edition has been published by arrangement with Sterling Publishing Co., Inc.,
1166 Avenue of the Americas, 17th Floor, New York, NY, USA, 10036-2715.

浙 江 省 版 权 局
著作权合同登记章
图字：11-2015-136号

图书在版编目（CIP）数据

想搬到家居买手店一样的房子 /（美）泰德·肯尼迪·沃森（Ted Kennedy Watson）著；姜帆译．—杭州：浙江摄影出版社，2017.7
（轻奢主义）
ISBN 978-7-5514-1754-9

Ⅰ．①想…　Ⅱ．①泰…　②姜…　Ⅲ．①住宅—室内装饰设计　Ⅳ．①TU241

中国版本图书馆 CIP 数据核字（2017）第 062735 号

想搬到家居买手店一样的房子

［美］泰德·肯尼迪·沃森　著
姜帆　译

全国百佳图书出版单位
浙江摄影出版社出版发行
地址：杭州市体育场路347号
邮编：310006
电话：0571-85159646 85159574 85170614
网址：www.photo.zjcb.com
制版：杭州万方图书有限公司
印刷：浙江影天印业有限公司
开本：889mm × 1194mm　1/20
印张：8
2017年7月第1版　2017年7月第1次印刷
ISBN 978-7-5514-1754-9
定价：58.00元

责任编辑　卞际平
文字编辑　周卓隽
责任校对　朱晓波
责任印制　朱圣学

装帧设计　李佳佳

目 录

谨以此书献给我的父亲，肯尼迪·沃森。他在61岁离世，曾是个极其热爱生活的人。这么早就失去了他，让我意识到要过好每一天、珍惜每一分钟。为了纪念他，我努力在生活中秉承他乐观的态度和良好的幽默感。

谨以此书献给我的丈夫，塞夫先生。他每天都在用创造力和善意激励我，让我知道我并非孤独一人，而是在与他共同把生活变得更好。感谢他在这段美丽的生活历程中，陪我度过了逾25年的时光。

序　言

我之所以热爱工作，其中一个原因就是能够获得旅行的机会。而我在旅行中所享受的一件事，就是利用每次转机的间隙在中转地进行探索，或是体验一次不期而遇。

几年前，在离开西雅图前的一个小时，我兜兜转转进了一家奇妙的小店铺。店铺距离繁忙热闹的亲水平台只有一个街区。走入店内时，我就像是掉进兔子洞的爱丽丝，坠入了充满诱惑和感官享受的世界。在精心布置的店铺里，层层叠叠的货架上放置着小摆件、艺术品以及从世界各地或是街道转角的小店搜集来的古董。每件物品似乎都在等待着客人来带走它、品读它、呼吸它或感受它。沉浸在欣喜中的我注意到货架上的每一件商品都附着一个小注释，它们不是普通的注释，而是人为的手写注释，有的描述了商品的来源和出处，有的以一些新奇的方式写下了寻常的内容。其中一条注释写着“很不错的生日礼物”，另一条注释写着“此物独一无二”，还有一条注释写着“跳蚤市场的意外收获”。除此以外，每件商品还经过了细致的清洁，呈现出闪亮完美的状态。毋庸讳言，我的心脏停跳了好几拍。我当时在想：“这家店不单单是一家礼品店，它本身就是一件礼品。”而带给我这件礼品的人，在把买来的珍宝和奇物带回家时，有着很明确的意图：要把它们分享给像我这样的顾客，或是任何一位找到了泰德·肯尼迪·沃森（Ted Kennedy Watson）店铺的幸运儿。

我不知道自己闲逛了多久，仿佛自己在进入店铺时就已经脱离了时间的束缚。最后，当我抬起头时，男店主正笑盈盈地站在柜台后（我觉得他在我逛店时一直注视着我）。虽然我继承了爱尔兰裔父亲健谈的天赋，此刻竟也很少见地无话可说了。站在这精美的店铺里，我所能说的只有一句话：“这地方真的棒极了。”泰德像圣诞老人一样地笑着，开始自我介绍起来。我觉得，他当时已觉察到遇见了一个与自己气味相投的灵魂、志同道合的审美者、逛店淘货的爱好者。我一边捧着满满的珍奇小物在玻璃柜台前结账，一边和泰德聊起天来，直到我突然想起自己还要去赶飞机！

回到家中，我一看来自泰德·肯尼迪·沃森店铺的包裹，便拆了开来。拆包裹这件事本身已让我欣喜，但让我更惊讶的是，每件商品都被包装妥当，并扎上了蝴蝶结！还让我开心的是，包裹里还赠送了一些礼品，并附有精美的手写字条，上书：“希望你能喜欢”。当时我就觉得，泰德是把他的特殊魔法打包寄到了我家中。

泰德·肯尼迪·沃森的店铺散发着一股源于店主的气质，这在当今的零售业界已然很少见了。而店主本人更是不凡——他不仅热爱他的工作，还在工作中倾注着爱。没有谁能超过他的敏锐眼力，比得上他的才华天赋，或取代他的辛勤工作。泰德之所以对顾客关怀备至，是因为他的大度和对待生活的感恩之心。每次一到西雅图，我就会去泰德的店铺。无论是逛实体店，还是阅读他博客里的有趣故事，我都感觉泰德拉近了与顾客之间的关系。泰德开启了顾客们的眼界和心扉，就像当年对我一样。

而现在，泰德用他写的第一本书再度吊起了我的胃口。在书中，他按照由A到Z的字母顺序，与读者们分享了有关他所爱之物的秘密。因此，即使你的旅行计划里没有西雅图这一站，你也可以窝在家中舒适的椅子上，让泰德带领你发现美丽。

——芭芭拉·巴里

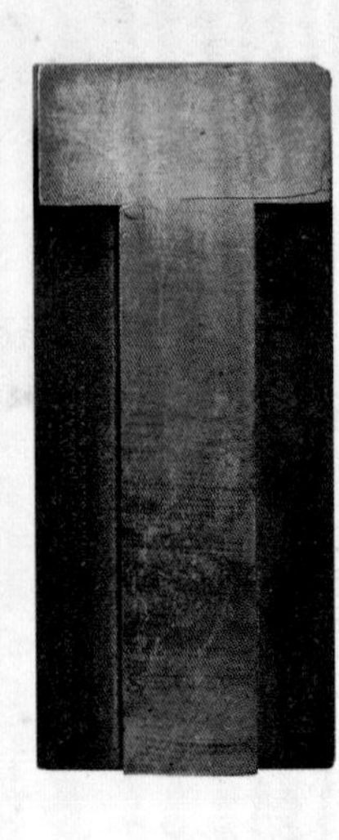

简 介

当我坐在书房里的写字台前时，手边总是放着我最爱的绿色玻璃杯，里面盛着加了柠檬的气泡水。我很在意一些能带给我舒适感和简单奢华感的物品。在我的记忆中，生活中的微小细节对我来说都十分重要。我写此书的目的就是与你们分享我关注的这些生活细节，让你们也能开始或继续以自己的眼光打造这些细节之处。我每天生活中的各种细节并不比其他人的有任何特别之处，但在与你们分享后，我希望你们能够培养出自己关注细节的能力。体察微小细节需要你放慢生活的脚步，并留心身边的事物。

我把这本书做成了一本指南，以A到Z的字母顺序介绍了一些我每天都能看到的特殊之“物”，并告诉你如何用不同的方式来诠释这些物品。我早年拥有一家设计陈列室，而后担任艺术经纪人，现在开设了一家店铺，并撰写有关设计和造型的博文，供人们品鉴。这些年来，我总会碰到有人问我如何过富有格调的生活、享受好每分每秒。我想要与你分享一些源自成功实践的小贴士、秘诀和点子。我希望这本书能带给你启发，也许能让你对相似的物品做出不同的诠释，展现其独有的光芒——你可能会说，这就是对瞬间的把握。一旦我们把握住每件物品中最独特的部分，再放慢生活节奏，细心体察周围的事物，就能享受当下。本书内容的确都是围绕着那些让日常生活变得丰富的小细节。所谓个人风格，就是指随着时间的推移和空间的改变逐渐形成的一套个人的品味体系。因此，我不希望你全盘照搬我的风格，而是希望你能拓展或找寻到你的个人风格。

家，是每个人私有的一片绿洲。我希望通过展示我的世界，在你脑中激发出各种点子。我利用书中介绍的各种物品，将店里或家中布置得更为舒适，有视觉观赏性，且更具私人感。总之，我利用这些物品创造了个人风格，而你可以从中选择一件或几件物品，依你的方式进行混搭，形成你的风格。不分孰对孰错，只要你能将家中布置得令人愉悦又舒服就行了。无论怎样，你的生活和家居，就应该反映出你的品位，让你乐享其中。

让生活富有创意并不意味着花钱。相反，这需要你在日常做出选择时发挥出创造力，并充分了解自己的选择以及看待它们的方式。我认识一些极具创造力的人，他们亮丽地过着富有创意的生活，但花费甚少。我还认识一些人，已经腰缠万贯，但对生活鲜有创想和兴趣。所以，最关键的是你每次做出的选择，以及你看待事物的眼光。我希望接下来的内容能提醒每个人注意身边的华丽细节。

在我的日常博客上（www.TedKennedyWatson.com），我分享了食谱、餐桌布置、店铺装饰，以及所有我欣赏的或对我有启发的内容。我总有这种想法，如果一个人能完美地处理某些事情，他也能成功地完成更多其他事务，比如，简单地烤一只鸡、调马提尼酒、布置有创意的晚餐餐桌、制作简易的调料，或是进行鲜花造型布置。掌握这些事情最基本的要领之后，你就能在此基础上进行变化和升级了。

我想借此书达到以下两个目的：（1）在书中加入各种构思、灵感、参考内容和资料，使其成为一本分类的工作手册；（2）让这本书成为一件激发创造力的礼物。我希望这张按A到Z字母顺序排列的清单能教会你如何漂亮地生活，并让你开始着手列出自己的清单。我在清单里列出的物品和经验让我在生命中的每一天都感受到极大的喜悦。因此，我常觉得，虽然重大的时刻会为生命增加一笔浓墨重彩，但微小瞬间也具有同等的、甚至是更重要的意义——譬如，欣赏郁金香舒展花瓣时，或是在踏进房间闻到香氛蜡烛时。我秉承的想法就是，享受当下，而不要总是准备着某一时刻的到来。

读过我的列表后，你会开始不断思索哪些是生命中重要的事情。列表里的多数物品能让我对生活更为敏感、更具鉴赏力，譬如，一份由我准备并分享的晚餐食谱，或是一大捧为供客人们欣赏而准备的芍药。这份列表本会有四倍于现在列表的长度，但我只挑选出了能让生活变得特别美好且愉快的经验。而出书的两个目的，是我始终想在日常生活中达到的。

我希望你能喜欢我的文字和照片。在我为各位撰写此书时，这些构成了书中美丽的一部分。我总觉得，既然上天赐予我们生命，我们就要尽可能精致地过好这人生。

——泰德·肯尼迪·沃森

Art 艺术

若想在家中展现出自己的真实个性，最简单的一种方式便是挂出你喜爱的、经过长年搜集的艺术品。没有什么能比一个人在家中的艺术品更能展露个性了。收集或购买艺术品可能令人生畏，但也并不尽然。请跳出思维局限，不要总觉得画廊就是购买艺术品的唯一场所。艺术是很主观的，因此决定购买哪件艺术品时需要注入感情。我觉得，人们总会担心自己的艺术品能否博得他人的喜欢。其实，你应该买你所爱，因为你才是那个与艺术品“朝夕相处”的人。以下是几条关于收藏艺术品的建议。

· 很多艺术院校都会举办拍卖会，供学生出售作品。你可以搜索一下附近的学校，参加一次拍卖会。这不仅是在用行动支持艺术，也能让你以合理价格买到品质不错的新作品。

· 很多零售店，譬如我的店铺，都会出售一系列艺术作品，让购买艺术品变得不再那么令人害怕。

· 很多青年艺术家会在与其他艺术家共享的工作室中举办展览。

· 参加一次工作室展览，并扩充一下你的收藏品——这也算是资助了一位新锐艺术家。

· 请在旅行中留心收集艺术品。这是让你记住这段旅途的好方法。我们从纽约街头艺人的手中买来了我们的第一件艺术品。直到今天，它依然是我们最钟爱的艺术品之一。我们在后来几年里一直与这位艺术家保持着联系，并在她的展览中又买了几件作品。

· 艺术品不应只是挂在墙上的作品。你还可以关注各类雕塑、短效物收藏品[1]、陶器，甚至是取材于自然、类似树皮的东西。凡是吸引你注意的作品，都可被列为艺术品。

ABCDEFGHIJK123456
ABCDEFI23456
ABCDEF1234
$123 $123
who
fern

Adirondack Chairs

阿第伦达克椅②

阿第伦达克椅（Adirondack Chair）在叫喊：“快到我这儿来休息休息！”你若想在户外一边看书、一边啜饮着鸡尾酒来放松自己，在我看来，阿第伦达克椅是座椅中的最佳选择。第一代的阿第伦达克椅名为韦斯特波特椅（Westport Chair），是以纽约州韦斯特波特镇命名的。这个小镇坐落在尚普兰湖畔，靠近阿第伦达克山脉。这款椅子已推出很多色系，你可以选择一种能让你感到愉快的颜色，但我最青睐的始终是经典的白色。无论是单独摆放还是排成一排，阿第伦达克椅都象征着渐渐变慢的时光。

此刻请不要发短信或发微博！

Apples 苹果

若是在合适的时间去逛果蔬店，在那里出售的一袋袋的苹果也可以成为既便宜又不错的装饰物。在构思图中的餐桌布置时，我本打算摆出最近从约翰·德里安店里买来的密胺苹果盘，再加上几条带有苹果图案、面粉袋材质的桌布（我喜欢在室外野餐或台面上乱糟糟时把洗碗巾当作餐巾使用）。而当我找不到红色花朵时，便立马冲到果蔬店，买几袋苹果来充当红色花朵的元素。我在餐桌上散放着几个品种的苹果，又加入了红绿两色的烛台，以衬出苹果的颜色。最后，我用红色手柄的拉吉奥乐（Laguiole）餐具平衡整个餐桌的色调。我在职业生涯中发现的一条真理就是，当我们无法找到原计划中的物品时，比如上述红色花朵，我们反而能被激发出创造力，达到比原来预期更好的效果。

没有什么能比今天更具有价值了。

——约翰·沃尔夫冈·冯·歌德

Antique Malls

旧货市场

我最喜欢通过旧货市场搜寻古董宝物，市场里有很多开着私人店铺、出售自家器皿的个体商人，是一个让你在很短时间内找到大量古董的绝佳场所。油画、玻璃制品、灯具、短效物收藏品——这里应有尽有，而且都在等待着被抢购一空。旧货市场还是个让你开启收藏之旅的好地方，里面有大量类似或“相同”的货物，供你挑选。西雅图市的太平洋画廊（Pacific Galleries）、俄勒冈州波特兰市的繁星古董市场（Stars Antique Malls）以及英国伦敦市的阿尔菲斯古董市场（Alfies Antique Market），都是我喜欢的市场。在出发前，你可以先用手机地图导航迅速检索一下身边的旧货市场。祝寻宝愉快！

装饰，不仅是指为舞台进行布景，或是为杂志提供美图，而是指创造有品质的生活和滋润灵魂的美感。

——阿尔伯特·哈德

石膏灯具有一种老旧的外观和格调，适用于很多房间的内部搭配。型号古老的灯具多是在意大利制造的，可在古董店和跳蚤市场里淘到。我认为最安全的做法就是为所有的老旧灯具换一下灯丝——很多灯具店里都能换灯丝。若是找不到喜欢的灯罩，那就直接将老派的爱迪生灯泡裸露在外吧。我们常在店里这样布置，效果也很好。爱迪生灯泡发出的温暖亮光与石膏灯具形成对比，营造出一种质朴的老旧时光感。

石膏灯具 Alabaster Lamps

Apothecary Jars
药罐

无论药罐的造型是新潮还是复古，都能为所在空间增添效果，并在任何房间里营造出温暖的氛围。我在跳蚤市场里挑选复古药罐，在主营浴室用品的商店里购买新潮药罐。即使是未经装饰的药罐也会很有造型感，若再加上些饰物，就会更悦目了。若把罐子放在浴室中，你可以在里面放满棉花球、棉签或漱口水。剪下短短一截花，插在大号罐子里，再加些水，就能制造出瓶栽的效果。我常在店铺和家中这么做。若将药罐围放起来，瓶栽的花朵就能在空间中增添一丝色泽和生命力。你可以搜集一些药罐，在餐桌上排成一排，制造出绚丽效果，让人们瞬间发出惊叹。

Asparagus
芦笋

本书旨在结合实例展示，如何让一件件物品看起来别具匠心或富有创想。我常在家中重现我们在店里对一些物品的创意性布置，芦笋便是其中一例。芦笋美味可口，也颇具观赏价值。它们看似花的茎秆，却被我当作花朵来使用：把芦笋分成几束，分别放在玻璃水杯里，再将水杯沿餐桌或壁炉架摆放一圈。另外，利用甘蓝和卷心菜等各类农作物，皆可将餐桌布置得别致可爱且颇具巧思。

芦笋美味可口，也颇具观赏价值。

Basil 罗勒

罗勒是一种具有浓郁、强烈气味的香草，不仅能在烹饪中为食物增添独特风味，亦可用于花艺。若是在简洁的容器中放上一大把罗勒，效果也是很不错的。迷人的香气会在整个房间中弥漫。在蔬果店的农产品货架上，可以找到生长在食品袋里的新鲜罗勒。这些罗勒适于放在厨房台面上你喜爱的玻璃器皿里，为你的厨房增添一丝色彩和气味。若想用最简单的方式制作色拉，试着撕下几片罗勒叶，撒在切片的番茄和马苏里拉奶酪上。再加少许盐，滴上些橄榄油，你就能轻松而迅速地做好一份意式番茄奶酪色拉，让你和客人们在任何季节里都能忆起夏日时光。

Beauty

美

在我看来，美，每时每刻存在于我们身边。我们所要做的只是睁开双眼，留意美丽。而且，每个人对于“美”的定义是不同的。我希望这份从A到Z的列表能打开读者的双眼，让你们看见时刻围绕在身边的“美”，譬如光线投射在物品上的效果，花朵弯曲着茎秆的样子，以及清晨一踏出家门时闻到的空气味道。这些美好的瞬间，不仅让每天变得充实，更在本质上充盈了我们的生命。

{ *万物皆有其美，唯慧眼能识之。* }

Bread
面包

烘焙得当的面包也能成为一份不错的礼物。很多生鲜外卖网站也已将面包列为出售商品。巴黎的普瓦兰（Poilâne）和纽约的伊莱（Eli Zabar）是我最爱的两家面包店。就像买其他东西一样，食品店里也有众多品质上乘的面包供你选择。普通的长面包和加长的长面包并没有太大的价格差异，所以我认为，就算在其他方面节俭一点，也不能在面包上亏待了自己！如果长面包在被吃完前就已开始变硬了，你可以把剩下的部分切成小块，炸成面包丁，或是用料理机把它们做成面包屑。你还可以把剩下的面包切成条状，抹上些橄榄油，再用烤箱烘烤成可口的脆面包。若想为美味的午餐准备一份简单的面包色拉，你可以把不那么新鲜的面包撕下来，放在碗中，淋上特级初榨橄榄油，撒上盐和胡椒，然后把几只已经成熟的番茄切成片，拌入碗里一起混合。

泰德小贴士

在下次烘焙时，记得多做一些面包，送给邻居。手工制作的食物是让人感觉再亲切不过的礼物了。

你可以利用树枝，巧妙地在视觉上为房间增加一些自然气息。我在店铺的几处布置里都用到了树枝。其实，在室内空间中加入树枝作为装饰能达到很好的效果。你可以去找一些别具特色的树枝，上面最好还带着些地衣或苔藓。鉴于你是在把大自然往家里搬，所以在选择素材时还是挑剔些好。无论是插在花瓶里替代花朵，还是铺在书架顶部，树枝都能为房间带来泥土的芬芳。

Ball Jars

复古玻璃储物罐

美国玻璃容器制造公司“Ball”开发的一种玻璃罐曾在20世纪四五十年代颇受青睐，成为数年来风靡一时的复古收藏品。这种玻璃罐最引人注目的特征莫过于其百变的用途。我的朋友丽塔·康尼格混搭了一整套的玻璃罐，并把它们放在厨房流理台上，用来装糖、面粉和其他厨房小器具。若在玻璃罐里放满既奇特又搭调的小东西，比如纽扣，就能化玻璃罐的储存功用为艺术效果。除了平淡地用玻璃罐展示纽扣之外，你还可以把玻璃罐整齐地排在一起。若把空玻璃罐在架子上摆放成一排，效果也是极好的，能在空间中加入一种如同雕塑般的视觉冲击力。

Brie 布里干酪

烤布里干酪，是能让我联想起20世纪80年代的事物之一。和其他所有的美好事物一样，布里干酪又复出了。若要为聚会快速地做一道菜，布里干酪总会是跳出我脑海的第一个想法。最妙的是，这道菜的制作方式也是最简单的！整个过程看起来不像是烹饪，而更像是组装。以下是我书中评价最高的食谱之一：

烤布里干酪：

1. 准备食材时，把烤箱预热到180℃。

2. 按照起酥饼皮包装盒上的指示，解冻一张起酥饼皮。［我喜欢非凡农庄（Pepperidge Farm）。你可以在任何一家美国超市里找到这个品牌，但其他牌子也是不错的。］

3. 展开起酥饼皮。饼皮常被折成三层，你可以切下三分之一的饼皮留作备用。

4. 打开一小整包布里干酪，并在干酪上涂满无花果果酱。

5. 快速而仔细地把布里干酪放到起酥饼皮上，再把干酪翻个身，使有果酱的一面朝下。

6. 用起酥饼皮的四个角裹住布里干酪，注意要裹住所有的馅料。

7. 把起酥饼皮翻个面放到烤盘上，最好在烤盘内铺上羊皮纸。

8. 在先前留下的三分之一的饼皮上，用饼干模具按压出一些装饰性图案，或者用一把尖刀刻出有创意的趣味图案。

9. 把图案放在饼皮上。

10. 往碗里打一只鸡蛋，加点水，然后把蛋搅匀，调成蛋汁。

11. 在饼皮的正反两面涂抹上蛋汁，这能让饼皮在烘烤后变得焦黄。

12. 烘烤20到30分钟，直到饼皮膨胀且呈焦黄色。在上桌前，先把酥饼静置片刻，让干酪不至于太烫。最好在酥饼温热时上桌，但晾到室温时也是很不错的。制作方式就是这么简单。你也可以尝试其他品种的果酱。（不过，无花果果酱有种我喜欢的朴实味道。）

Baskets

篮子

篮子可以使你的生活变得特别简洁且美丽。篮子不分新旧，既适于观赏，又有实用价值。无论是在厨房里用于盛放柠檬或洋葱，还是在卫生间里用来装多余的化妆品，哪怕只是静静地放置着，篮子都能让室内充满温暖的感觉。在店里，我们把包装纸和彩带放在篮子里，看起来满满一篮的，很是漂亮。这在家里也很容易布置。不管东西是大、是小、是否重要，你都可以放进篮子里。

Beeswax Candles

蜂蜡蜡烛

美妙的气味、自然色泽和蜂巢状纹理——这些都是我倾心于蜂蜡蜡烛的原因。从开店的第一天起，蜂蜡蜡烛就是店里的主打产品之一。因为它们很柔软，容易嵌入烛台，所以极适于细烛台使用。蜂蜡蜡烛能在燃烧时散发出明显的芳香，从古罗马时代起就开始被使用。点燃蜡烛时，蜂巢状纹理开始变得异常明亮，而空气中会飘起一股淡淡的甜香。

泰德小贴士

每晚当你一踏进家门时，请点亮一支蜡烛。

鸟儿

鸟儿是一种相当优雅美丽的生物。我之所以将鸟儿选入这份列表，是因为它们非常勤劳。你若有机会观察鸟儿筑巢，就会明白我的意思了。鸟儿一根接一根、一片接一片地添加着筑巢的材料。我常讶异于鸟儿能衔着一根树枝迅速地飞进飞出，好像在说："不，不该放在这儿。"我觉得我们也应该采用类似的方式，逐步地布置自己的蜗居，只留下最让我们心满意足的物品。若像这样往家中填满各类物品后，你和其他客人们就会有一种被包围住的感觉。每晚下班后，你都会迫不及待地回到家中。如果你不再喜欢某样东西了，就把它捐掉。在身边只留下你真正喜欢的东西，就能打造出一个特别的家。

Birds

bird

Bitters

比特酒[3]

比特酒在最近几年相当风靡，但我并不觉得这种酒会是一种潮流，因为在我所知道的一些备货充足的酒吧里，货架上从很早以前就摆放着各种各样的酒瓶。比特酒是由诸如芹菜或柚子的某种食物蒸馏而成的精华。往鸡尾酒或气泡水里加入几滴比特酒后，就能让一杯普通的饮料别具风味。由于很多地方都涌现出了手工酿酒师，所以越来越容易找到上等的比特酒。

Balsamic Vinegar
意大利香醋

意大利香醋的历史可以追溯至1046年。陈酿的香醋无论外观还是口感，都属于上乘。把葡萄压榨后，放入由栗木、合欢树和桑树等不同木材制成的木桶中，酿造至少十二年，就能制成香醋。经过酿造后，香醋变得色泽迷人、香味浓厚。你可以在下次做菜时尝试使用它。一旦用过了这种调料，你一定会被惊艳到的。我认为，赠送意大利香醋比起赠送酒类更能体现出男、女主人的创意，并且会为受赠者带来更持久的享受。

泰德小贴士

试着用可爱的白色餐巾包住瓶子，把它变成一件简单有型的礼物。

Collections

收藏

店里的顾客们总是询问我如何开启一项新的收藏。我建议他们首先要收藏一些自己喜爱的，或是能带给自己快乐的物品。这件物品可以很简单，也可以很华丽，但最重要的是，当你凝视这件物品的时候，它会让你微笑。我们曾收藏了一套凯歌香槟（Veuve Clicquot）的瓶塞，放在一个超大的玻璃碗里。每当我们享用一瓶香槟，就会多收集一只瓶塞。每当我经过这个简单的收藏品时，都会愉快地回想起每一次打开香槟庆祝的时刻。如果你喜欢在海滩上漫步，也可以尝试着开始收藏贝壳。叠满贝壳的玻璃罐看起来真是美极了！如果你喜欢烛台，可以搜集一组组烛台，马上集成一项收藏。只要收藏的是你所爱之物，就不太会出错。

泰德小贴士

关注你拥有的东西，而不是你没有的东西。感恩你所拥有的一切。

ach moment spend to some
3/8
ALLOY
6
5

Clear Glassware

透明玻璃杯

透明玻璃杯是家中常备物品，却并不是人们在购置家居用品时搜集的第一件物品。透明玻璃杯在不同程度上都是实用的，也适合搭配各种类型和颜色的餐具，使其在众多场合都显得夺目。你还可以利用玻璃杯进行简单的混搭，布置出有趣的餐桌。透明玻璃杯也很适合插花，因为可以展现出花朵茎秆的美丽姿态，使整体花艺显得更为明亮。

一听到“香槟”这个字眼，脑海中就会浮起快乐的思绪。不知唐·培里侬神父在第一次品尝香槟时是否意识到这种饮料将会风靡全世界。弹出的香槟瓶塞象征着好事已经或即将发生——譬如，求婚、晋升、生子或结婚。而对我来说，与朋友在一起共饮香槟能给我带来最大的享受。若是与朋友相聚，普通的一天也能让人难以忘怀。不要等到盛大活动或重要事件发生时才打开香槟，每一个微小的时刻也值得庆贺。用你最上等的杯子来一点香槟，像唐·培里侬那样享用它——“快来吧，我正在品尝星星的味道！”

Cuff Links

袖扣

毋庸置疑，袖扣完全可以起到衣服的装饰作用。用一副时尚的袖扣搭配法式袖口的衬衫，就能为整件衣服带来画龙点睛的效果。袖扣作为一种复古的装饰物，无论是男款还是女款，已经开始出现回归的风潮。但其实，在我眼中它们从未落伍过。即使对那些很难用礼物取悦的人来说，袖扣也能成为一件不错的礼物。男士若想为服饰增加些个性，选择并不是很多，但佩戴一副袖扣便可极大地提升造型的个性化程度。带有首字母或日期的定制袖扣都可作为非常私人的礼物。袖扣的历史可以追溯到17世纪，当时袖扣是由丝带系起来的。后来，男士们开始用一根固定在金、银扣子底部的小链子系住袖扣。

你可在旅行中留心收集袖扣。每次戴起袖扣时，这可爱的纪念品就能让你回想起那段旅程。

Candles

蜡烛

擦亮火柴，让烛焰跳动——点燃蜡烛的过程几乎已成为了一段心灵体验。蜡烛可以为室内增色不少，譬如，使餐桌富有情调，让浴室弥漫芳香，或是在茶几上散发出温暖的光芒。蜡烛种类丰富，可供挑选——如尖头蜡烛、圆柱蜡烛、置于烛台的香薰蜡烛以及许愿蜡烛等。我个人喜欢把无味的许愿蜡烛散放在餐桌四周，让玻璃宝贝（Glassybaby）烛台里盛放着的小圆蜡烛照亮整个房间。而一旦蒂普提克（Diptyque）蜡烛被点燃后，家中会飘荡起迷人的香气。其实，任意一种搭配组合都能达到这样的效果。如果在房间里放满蜡烛并全部点亮，房间就会变成一个奇妙的空间。每晚下班回家，我会径直走入房间，点起一支蜡烛。我觉得点燃蜡烛的仪式特别具有抚慰人心的效果。客人来访时，点蜡烛可能会花上一点时间，但这个过程几乎已经变成了冥想的一种形式——火柴不断地摩擦着火柴盒，烛焰舔舐着烛芯，输送出光亮和温暖。

与其诅咒黑暗，不如点亮蜡烛。

——中国谚语

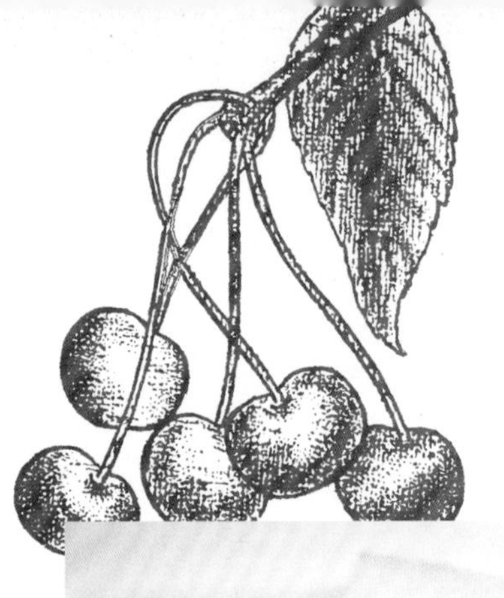

Cherries 樱桃

一碗洗好的樱桃，无论是放在厨房桌面上，还是摆在餐桌上的漂亮餐盘里，都是很赏心悦目的。樱桃上市的时间很短，却能在口感和视觉上留下相当悠长的回味。下次聚会时，你可以试着把一碗樱桃放在一大片西班牙曼彻格奶酪（Manchego）的旁边，还可以试着往芝麻菜色拉里加些樱桃和玉米，以达到精妙的混合口味。有些食物不仅品相好看，而且在烹饪时具有多种用途，总是带给我无穷无尽的兴奋感。而在这些食物中，甜美的樱桃无疑是排行第一的。

Cocktails

鸡尾酒

邀请朋友前来家中小酌鸡尾酒，总让人联想到闲适而优雅的时光。眼看着这股风潮越来越流行，对此我要欢呼喝彩！一杯精心调制的鸡尾酒令人心旷神怡——我说的可不是那种需要二十种不同基酒调制的饮料。即使是简单的金汤力鸡尾酒，也可以达到很完美的效果。只要将自信心和几种基酒调和在一起，就能制成很棒的鸡尾酒。敞开家门迎接客人总是会让人感到亲切，而邀请几位朋友或知己前来品尝鸡尾酒是一项再简单不过的娱乐活动了。我觉得，有些人之所以羞于办鸡尾酒会，是因为他们觉得自己的藏酒不丰富——这想法是绝对不正确的！金酒、伏特加、苏格兰威士忌以及红、白葡萄酒都是极棒的开胃酒。至于容器，你可以选择易于贮藏的平底玻璃酒瓶。CB2家居店[4]卖过一款名为“玛塔”的杯子，外表很时髦，价格也不贵，我们已经用了很长一段时间。在杯中混合几种酒，再加入柠檬、莱姆和一袋冰块，你就可以开始享用各式各样的鸡尾酒了。打开一罐坚果，拿出一大块奶酪和饼干，或是一大碗小鱼饼干（Goldfish）——茱莉亚·查尔德[5]的最爱，然后就能坐看鸡尾酒派对开场了！一切越简单越好，而且记得要尽情享受自己举办的派对哦！

泰德小贴士

若是举办大型聚会，你可以聘请一位酒保来调酒、端酒——相信我，酒保可是你的大救星，能让你好好享受自己的派对。

烤鸡这件事和其他很多事情一样，乍听之下挺难完成，但一旦熟知了其中的秘诀，我保证这将成为你常做的一道菜。烤鸡只需要一个烤盘，而且无论是在公司聚餐还是舒适的晚间家庭聚会上，这道菜常常能成为餐桌上的亮点。

烤鸡：

1. 将烤箱预热到200℃。

2. 洗净一只4—5磅（2千克左右）重的鸡，并用纸巾轻拍着擦干水。

3. 在鸡的体内和表皮都抹上盐和胡椒。

4. 对半切开一瓣蒜，再连同一支迷迭香，一起塞入鸡的体内。

5. 切几块洋葱，将你最爱的土豆分成四等份，为几根中等大小的胡萝卜去皮，切开几支迷迭香。把这些食材全都放在烤盘里，淋上橄榄油，混合在一起。

6. 以洋葱、土豆、胡萝卜、迷迭香作为美味的垫菜，把鸡放在垫菜上方。

7. 充分揉搓鸡肉，使其涂满橄榄油；往烤盘中的蔬菜、鸡肉里加入盐和胡椒。（如果的确想要让鸡肉腌制得很入味，我会在涂上厚厚一层橄榄油这一步的前后分别添加一次调料。）

8. 用烤箱烘烤鸡肉和蔬菜，时长为1小时15分钟。不时翻动一下食物，以免其底部被烤糊。

9. 用肉类温度计测试鸡肉的核心温度，应达到75℃。如果温度还没到，就多烤一下。

10. 一旦鸡肉核心温度达到75℃，就把鸡肉从烤盘转移到餐盘上，再盖上一层锡纸，静置10分钟。

11. 关闭烤箱，把盛着蔬菜的烤盘留在烤箱里，使蔬菜保持新鲜感和温度。静置好鸡肉后，你就可以开始认真享用饕餮大餐了。

Chicken

鸡肉

Dominoes

多米诺骨牌

据说多米诺骨牌源于12世纪的中国，后在18世纪早期风靡于意大利。我对多米诺骨牌的游戏功能不感兴趣，而是倾心于每一块骨牌的结构和材质。我们常在店中四处放置几只大碗，并把复古的多米诺骨牌摆入其中。人们会出于各种理由购买骨牌，而一块带着特定数字的骨牌往往是他们所青睐的。刚去世的作家诺拉·依弗朗[6]曾是我们店铺的顾客。她很喜欢我们店里的多米诺骨牌。每当有人拿着一袋多米诺骨牌前来柜台结账时，我总会想起她。无论是用骨头还是嵌有乌木花纹的象牙制成的，复古的多米诺骨牌都算得上是一件小艺术品。

Drinks Table
吧台

所谓一个贮藏丰富的吧台，不仅指拥有恰当的酒类品种，也需要你配备相应的酒具。你可以把各样东西都放在一张特定的“酒桌”上。我喜欢在为客人们制作第一杯饮料后，拿出所有的基酒，让客人们自行调制第二杯饮料。配置齐全的吧台能让你调制出各式各样的饮品。下面列出的所有饮料就算是单独饮用也都味道不错，所以，即使你的客人想要喝无酒精的饮料，或是有小孩在场，你都可以处变不惊。以下是我们应尽量在家中常备的一些基本饮品：

· 苏打水
· 汤力水
· 干姜水或七喜
· 圣培露（San Pellegrino）的葡萄柚、血橙混合味汽水
· V8果汁饮料
· 巴黎水

泰德小贴士

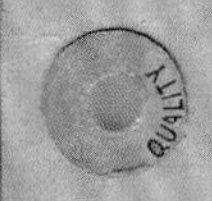

你可以在客人离场时送给他们一些小点心，比如用食品袋分装的海盐牛奶糖。这不仅能为夜晚画上了甜美的句号，也能让客人们在开车或坐出租车回家的路上享受美味。

Dish Towels

洗碗巾

即便是一条优质的洗碗巾也能彰显出简洁的奢华感。就算你家的盘子大多是用洗碗机洗的，你也不时会自己动手轻柔地洗净、擦干一些无法用洗碗机清洗的易碎盘子。此时，你就需要一条优质的洗碗巾了。漂亮的棉质或亚麻质洗碗巾具有不错的手感，吸水能力也很强，而且无论是放在台面上还是悬挂起来，都看起来很整洁。我最爱法国雅卡尔·弗朗西斯（Le Jacquard Français）的洗碗巾，也很喜欢在旅行中搜集的各种复古洗碗巾。我们几年来收集了很多条法国的洗碗巾，而且使用时间越长，越是好用。作为洗碗巾的深度爱好者，我热爱洗碗巾胜过了大号厨房纸。当你在户外就餐时，或是即将面对一场乱糟糟的宴席时，一条洗碗巾就是最棒的餐巾纸。

泰德小贴士

每次用餐时，请使用棉质或亚麻质的餐巾——即便只是吃一顿简单的外卖食物，它也能让你更为享受这次用餐。

Dishes

餐盘

若是想要开启对某一类物品的收藏，就从餐盘开始吧。没有什么事比在家中布置一张漂亮的餐桌更能带给你乐趣的了。各式各样的餐盘确实能为餐桌布置带来乐趣和创意。我总有一种思维定势，就是在摆桌过程中找不到全套餐盘时，必须混搭出一套来——我还鼓励我的顾客们这么做。其实即使没有全套餐盘，也不能阻止你办晚宴，因为调整一下餐具的布置方式后，餐桌上就会显得紧凑起来。你可以搜集同色系的餐盘，以便于搭配。而把盘子、浅碟和碗摆放在一起时，就能组成一套完整丰富的餐具。此外，将这一套套餐具分组放于架子上，可产生令人愉悦的视觉效果。请你记得经常把盘子拿出来使用，毕竟，只有在真正使用盘子的过程中才能得到享受。最后，祝你收藏愉快！

Dahlias 大丽花

大丽花这般绚丽的花朵确实堪称艺术品。花朵从夏末一直盛开到深秋，适用于各种形式的陈列布置。即使是单枝花插在花瓶里，看起来也很惊艳，因为每一朵大丽花都足够绚丽，而且花朵的尺寸也很适合单独插花。此外，你还可以把花朵紧紧扎成一捆，放在花瓶里，使整个花朵刚好露出花瓶边缘，这种效果也不错。夏末时分，漫步于西雅图的派克市场（Pike Place Market）里，欣赏着一捧捧待售的大丽花，不失为一种舒缓心灵的体验——此时仿佛身处纯净的天堂。

我要永远、永远都拥有花。

——克劳德·莫奈

Ephemera
短效物收藏品

短效物收藏品（Ephemera）一词在字典中意为，本应在使用后丢弃、却又被重新收集起来的纸制品，譬如菜单或票根。我认为，这类收藏品几乎占据了每个人生命中的一部分，让你回想起曾经去过的一些地方、享用过的某种美食，或是欣赏过的一部佳片，可以说在某种意义上构成了你的生活历程。艺术家毕加索曾是一位非凡的短效物收藏家。几年前，在巴黎的毕加索国家博物馆里，我们曾参观过一个展览，里面集合了毕加索收集的短效物。参观时就感觉好像在阅读他的人生之书，只是书页变成了纸质票根、书信、菜单和类似的物品。我喜欢在橱柜里陈列短效物收藏品，或是将其中一件纸制品当作书签使用。你可以在日常生活中把这些物品搜集起来，放在一个盒子里。过了一段时间后，你就会发现，打开这个盒子能让你想起曾经的生活旅程，实为一件令人享受的事情。

珍惜当下，珍爱自我。一切不会重新再来。

——雷・布莱伯利[7]

泰德小贴士

关于赠票。我们的朋友拥有各种各样的季票。每隔一段时间，我们就会接到朋友的电话，受邀参加他们无法到场的活动。能在最后一刻获得欣赏演出的机会，真像是天上掉馅饼了。

Mr. Ted Kennedy Watson
Watson Kennedy Fine Living
86 Pine St.
Seattle, WA.
98101

HOTEL
LE TOURVILLE
RNEST HEMINGWAY
1899 - 1999
AR HEMINGWAY
Ritz Paris
Paris
TICKET
CARNET

Eyewear 眼镜

曾几何时，时髦的眼镜是一件奢侈品——但现在已经不是了。随着沃比·派克（Warby Parker）这类眼镜电商的产生，以及大量小型眼镜店的出现，现在比以前更容易买到一副现成的漂亮镜架。此外，眼镜也能变成有趣的小装饰物。拿出几副眼镜，一副接一副地放在砂轮上，就能把它们变成旋转的艺术作品，兼具实用性和观赏性。

Edison Bulbs
爱迪生灯泡

近几年，爱迪生灯泡又别具创意地重新流行起来了。灯丝把灯泡变成了一件件小艺术品，散放出奇妙的光芒。我喜欢把爱迪生灯泡安装在壁灯或复古的石膏灯具上，甚至都不用灯罩，而是直接让它们裸露在外。这样看起来有点老派，却又带着些新潮，与摩登而古典的室内装修风格相得益彰。

Eggs 鸡蛋

鸡蛋也有一种简约之美。你可以在家附近的超市里买到质量上乘、卖相不错的鸡蛋，而我曾经一定要去农贸市场或农场摊位购买高质量的鸡蛋。在这些地方买鸡蛋是挺好的，不过现在到处都能买到鸡蛋了。鸡蛋或可作为各种食谱的原材料，或用来做速成早餐，抑或是放在厨房桌上的碗里，纯粹用来欣赏。你可以留心找一个有趣的蛋架，放在冰箱里，用来摆放你的鸡蛋。我们使用的是一只简单的白色盘子。每当我打开冰箱门看见鸡蛋时，就会感到开心。我觉得鸡蛋的美丽是永恒的。

Flash Cards
记忆卡片

整篮整篮的复古记忆卡片多年以来都是我们店里的主打产品。教育型的记忆卡片特别适合用作艺术作品、裱框和书签。厚厚的卡片纸经过多年的使用，成为值得收藏的好物，也可以随时随地被当作真正的记忆卡片来使用。

也许你通过翻看这本书、阅读我的博客，或者浏览我的店铺网站时已经注意到了，我非常痴迷于花。花为生活、居家和灵魂都增添了意义，而且能带来生命力、色彩和视觉享受。无论是从自己的花园里摘下，还是从街角的杂货店买来，或是经花艺师精心布置而成，花始终都不必被当作一种奢侈品。你既可以进行简单的插花，也可以仿效荷兰画派的风格来布置花艺。记得在你的日常生活中经常用上花，它们会让你感到幸福——应该说是非常幸福。

F

泰德小贴士

把餐桌上的花修剪得短一些，好让客人们互相看到对方，易于交谈。

花
lowers

French Press

法式压滤壶

使用法式压滤壶制作咖啡可以让你放慢生活的脚步，享受在清晨煮咖啡的“仪式”。研磨咖啡豆、煮好沸水，将两者混合在一起，然后用压缩的方式“神奇”地制作出咖啡——整个过程是相当不同寻常的。看着清水与咖啡粉混合而成一杯美味的咖啡，实为视觉享受。另外，一只放在早餐桌上的法式压滤壶以其漂亮外观也能提升这顿早餐，或者说这场“仪式”的特殊感。

我们会对某些人一见倾心并永远深爱。即使仅仅知道他们还活在这个世上，就已经足够。

——南希·斯潘[8]

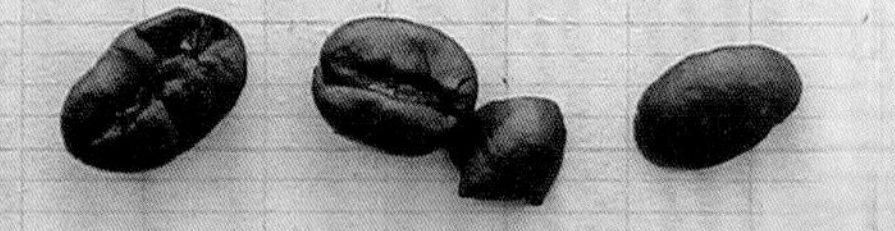

Frittata 意式烘蛋

在我和塞夫的家中，每周日上午都是一段悠闲的时光。我们常会在这段时间里制作各种鸡蛋料理，因为我们从瓦申岛农民摊位上买来的鸡蛋实在是太棒了。意式烘蛋是一道以鸡蛋为原料制成的出色菜肴。你可以把不同原料混合在一起，创造出各种变化的口味，譬如蘑菇加帕尔玛干酪，或是焦糖青葱和山羊奶酪。下面这道烟熏三文鱼配香草味山羊奶酪的意式烘蛋已成为我近日最爱的一道菜，很适合对半切开供两人享用。

烟熏三文鱼配山羊奶酪意式烘蛋:

1. 在碗里打5只鸡蛋。
2. 在鸡蛋中加一点牛奶、少许盐和一些胡椒，搅拌在一起。
3. 打开烤箱的上火加热器进行预热。
4. 把烤箱温度调到最低挡，在一只可伸入烤箱的长柄平底不粘锅内加入足量黄油，使黄油融化后能完全覆盖锅底。
5. 把鸡蛋混合液加入平底锅中。
6. 加入少量烟熏三文鱼碎屑，并将少许香草味山羊奶酪撒在蛋液四周。
7. 烘烤蛋液，使其底部凝固，但顶部仍保持流动状态。
8. 将平底锅置于上火加热器下方（在接下来的烹饪时间里，你会想要守在这道菜旁边）。蛋液即将冒出气泡、变为棕色并膨胀起来。
9. 当整锅鸡蛋混合物凝固时，将其取出来。别忘了戴上一副隔热手套或微波炉手套。你也可以使用锅垫，因为手柄会变得相当烫。
10. 享用意式烘蛋时可以搭配酒。为这道菜加上一份色拉和一杯夏敦埃酒，就能变成一顿绝妙的午餐或夏日晚餐。

Flea Markets

跳蚤市场

热闹的跳蚤市场也是值得一看的地方。看着如此众多的物品聚集在一片区域内，我的心脏就激动地停跳了一拍。从跳蚤市场买来的绝大部分物品似乎都拥有伟大的灵魂，成为你珍藏在房间里的物品。不过也请做好准备，因为你将看见很多品质不佳的东西……但是，你会发现破烂堆里的钻石！这就是跳蚤市场的美丽之处。你可以在网上搜索一下附近的跳蚤市场。我喜欢的跳蚤市场位于巴黎和伦敦——好吧，可能也是因为这些市场的地理位置是巴黎和伦敦，所以我喜欢它们！不过，美国也有很多不错的跳蚤市场，以下就是几家我喜欢的跳蚤市场：

- 巴黎的旺沃门跳蚤市场（Porte de Vanves）和克利尼扬古尔门跳蚤市场（Porte de Clignancourt）
- 伦敦的波特贝罗路跳蚤市场（Portobello Road）
- 加利福尼亚州的阿拉米达岬旧货市场（Alameda Point Antiques Faire）
- 马萨诸塞州的布利姆菲尔德旧货展和跳蚤市场（Brimfield Antique Show and Flea Market）
- 纽约的布鲁克林跳蚤市场（Brooklyn Flea）
- 加利福尼亚州帕萨迪纳市的玫瑰碗跳蚤市场（Rose Bowl Flea Market）
- 佛罗里达州的代顿跳蚤市场和农贸市场（Daytona Flea & Farmers Market）

泰德小贴士

你可以捐出一件你一年多都没穿过的衣服。想想吧，这件衣服会让需要它的人感到多么舒适。

Underwood
UNDERWOOD

HOTEL
GEORGE V
PARIS
11
10
9
8
8
7
6

ACE
TINCTURA
DIGITALIS
AMYL.
TRITICI

我之所以在书中列入菲达奶酪，是因为它们的保质期相当长，每当你需要它时，就可以很容易地从冰箱里取出一小块来。菲达奶酪多产自希腊，但法国和美国也能产出品质不错的奶酪。这种用盐水腌制的凝乳酪通常呈方块状。比起磨碎的菲达奶酪，我更喜欢购买块状的菲达奶酪，因为块状奶酪储存时间更长，而且自己磨奶酪也是件很有趣的事情。你会发现，菲达奶酪作为色拉和意面的简单配料，是快速制作创意料理时常用的材料。超级柠檬粒粒面配菲达奶酪便是一道我最喜欢又容易上手的菜肴。这道菜准备起来很容易。要记得使用新鲜柠檬汁，因为这是主要原料之一。此外，还要加入最棒的特级初榨橄榄油哦！

柠檬粒粒面配菲达奶酪

1. 将2只柠檬的柠檬屑、1杯鲜榨柠檬汁和1杯橄榄油混合在一起。
2. 加入大量盐和胡椒。
3. 将所有原料混合在一起，并静置在一旁。
4. 煮一大锅盐水。
5. 加入16盎司（500克）的意大利粒粒面，直到煮得有嚼劲了为止。
6. 一旦煮好意面，将其沥干并立即放入一个大碗中。
7. 在意面还很热时，加点柠檬和橄榄油做成调料。用叉子搅拌面条，使液体融入其中。
8. 静置意面，待其冷却，让面条吸收所有柠檬的精华。最后加入几大块菲达奶酪，你就能开始大快朵颐啦！

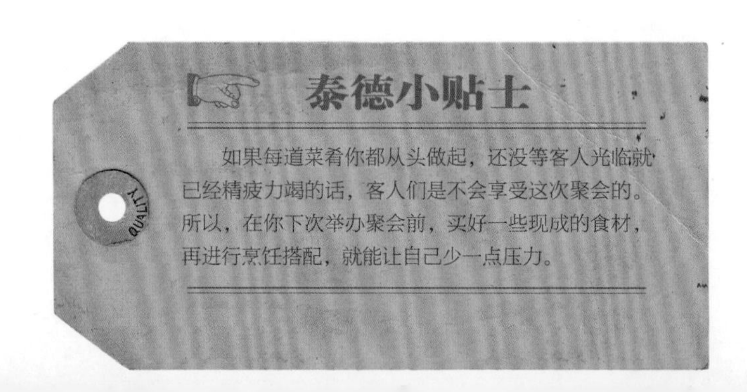

Feta 菲达奶酪

Farmers' Markets & Farm Stands

农贸市场和农场摊位

从农贸市场或农场摊位购买果蔬和鲜花是件很不错的事情。你不仅通过帮助当地农民支持了当地农业，也买回了在大量悉心照顾下生长起来的农作物。此外，你买来的是真正有益于你的食物。这可能会让你多花一点钱，但效果是非常超值的。各种果蔬组成了一场视觉盛宴，让你在购买时就像在观看生动的表演。拆开包装后，我喜欢将买来的食物全都摆放在厨房里的浅盘上，使其看起来像一小幅画——那种写实“静物”画。每年都有越来越多的农贸市场涌现出来。你可以读一读本地报纸，看看你家附近是否也开了一家农贸市场。

泰德小贴士

在家中摆放些新鲜的花朵，如果你愿意，也可以在办公室的桌上放一朵花。

绿色象征着生长，无论颜色深浅都很美丽。绿色不仅让室内风格变得沉稳，也能达到提亮的效果。绿色的陶器、亚麻布和灯罩等全都能为空间带来一种积极向上的活力和气氛。我总会在店里进行一套绿色系的布置，使其成为顾客进店后驻足的第一个地方。我还有一间绿色的厨房，里面堆满各种绿色的物品——烤面包机、料理机、碗、玻璃容器、刀叉和盘子。经过这样的布置后，无论是进行烹饪或只是身处厨房都能感受到欢乐和生机。我最喜欢的几款绿色是：

普龙（Pratt & Lambert）：苔藓绿，色卡编号16-29

法罗和保尔（Farrow & Ball）：痴迷绿，色卡编号76

法罗和保尔（Farrow & Ball）：熟苹果绿，色卡编号32

宣伟（Sherwin-Williams）：跳蛙绿，色卡编号6431

本杰明·摩尔（Benjamin Moore）：时尚酸橙，色卡编号396

本杰明·摩尔（Benjamin Moore）：混合绿，色卡编号2029-50

绿色 Green

装满东西的玻璃容器可以为厨房、工作台或洗衣房增添一抹亮色。我最喜欢透明玻璃容器，因为它们能使置于其中的物品变得真正闪亮起来。想想这幅场景：样式简洁的密封玻璃罐在架子上一字排开，里面放满了烹饪佐料（糖、坚果、面粉或谷物）。这些玻璃罐不仅能让你欣赏到其中的物品，也能让你轻松发现所缺物品，好在下一次去超市购物时进行补充。若把玻璃罐放在写字台上，可以在里面放些回形针、笔或大号订书钉——身边备好了这些东西，你就不会在抽屉里乱找了。这些简单的玻璃容器也非常适合盛放从街角市场买来的一捧捧花束。

Glass Containers · 玻璃容器

G&Ts
金汤力酒

享用金汤力酒是不受时间限制的。无论是在夏天，还是在任何你想重温夏天的时刻，你都可以享受一杯金汤力酒。鸡尾酒品种丰富，金汤力酒是最经典的一个品种，让人流连忘返。使用上等的金酒［个人最喜欢亨利爵士金酒（Hendrick's）、添加利金酒（Tanqueray）］和汤力水，加入冰块，再将一片酸橙的汁水挤入玻璃杯中——瞧，这就是一杯金汤力酒啦！我喜欢把一杯杯酒集中放在一个复古大银盘上，立马制造出派对效果。所以，越简单的事物往往是最好的。

Geraniums

天竺葵

天竺葵是一种看起来相当茂盛的植物。它们易于照料，若是放在采光充足的空间里，就会如茁壮的野草般生长起来。对于这些绚丽的花朵，我最喜欢剪下它细长的茎秆，再单独插在细颈花瓶中。天竺葵能为房间增添一丝生机。我的朋友凯瑟琳是一位园艺大师，在几年前曾向我介绍过带有香味的天竺葵品种，但我后来没再留心过。如果你打算养天竺葵，尽量去选择带有香味的品种。我最爱的品种是带有薄荷香味的玫瑰天竺葵——鲁珀特王子（Prince Rupert），以及薄荷天竺葵。这些品种的天竺葵，叶片形态更为多变，而且当你用手指摩擦叶片时，它们会发出一股香气。就算只是放在餐桌或小茶几上的漂亮花瓶里，它们看起来也很美丽。

我们就是杯子，时常被静静地填满。诀窍在于如何倾覆自己，把美丽释放出来。

——雷·布莱伯利

CHAMPAGNE

Hyacinths 风信子

风信子是一种象征着春天已经到来、夏天即将降临的花朵。风信子不仅拥有漂亮的花簇，还散发着浓郁的香气。风信子自16世纪起开始商业种植，并在18、19世纪早期流行于欧洲大陆。在维多利亚时期，风信子的花语意味着运动或比赛。我喜欢单独把风信子放在花瓶中，不搭配其他花朵——只要这一大簇美丽的风信子就足够了。如果你能定期换水，花期就会变得比较长。你会看到每枝花茎上的小小花苞一直在盛开着，将令人陶醉的香味散发到空气中。

Hydrangeas
绣球花

绣球花是种令人快乐的植物，具有各种形态、尺寸和颜色。它们既茂盛又秀美，能让拥有花朵的人们感到相当愉悦。如果能在院子里空出一块地来种植绣球花，那就别再犹豫了。种在花盆中的绣球花很漂亮，而摆放在露天平台上的效果也是极好的。若不能种植在室外，则可把绣球花放在室内一个富有装饰感的容器里，为家中增添色彩和活力。无论是用花瓶单独呈现绣球花，还是搭配上诸如玫瑰的花朵，绣球花看起来都像星星一样。绣球花在干燥状态下也很美丽，适合被聚拢在一起制成永生花。不管怎样，在日常生活中加入绣球花能让你更快乐。

没有什么比从邮箱里找到塞在一大堆日常信件里的明信片更令我快乐的事情了。我总是被寄件人倾注的心思、时间和关怀所打动。我是明信片的坚定信仰者。大多数人不寄明信片，是因为他们缺少准备。为了能更简单快速地写好一份感谢明信片，你可以准备一盒子或一抽屉的相关文具用品，好让写明信片的过程变得快捷高效起来。我是纽约邓普西和卡罗尔（Dempsey & Carroll）品牌的粉丝。他们设计了一系列精美的明信片，上面画着留有空白的漂亮图案，适用于任何情形。准备好一些文具用品，的确能让书写信件和明信片变成一项愉快的工作，而非艰巨的任务。下面是几条有用的点子：

1. 准备好各类你在逛商店时随手买来的漂亮卡片。最划算的是盒装卡片，因为购买卡片也适用多买多省的原则。我倾向于购买没有印祝福语的卡片，也就是内页空白的卡片。我总觉得，自己写给朋友的真心问候胜过印在纸上的泛泛语句。

2. 每当你经过邮局的时候，去看看他们有没有好看的邮票。如果这些邮票让你动心，那就买下来作为收藏吧。最妨碍书写明信片和信件的事情就是没有邮票了。

3. 记得用一支你喜欢的笔写字。你是什么风格的呢？也许你喜欢用蓝墨水写字。也许你喜欢尝试用某种字体写明信片。除了卡片和邮票之外，你还可以备好各类书写工具。

4. 要保证能方便地查到地址。无论是备好一本通讯录，还是在电脑中保存一个文档，一份有序的列表对于迅速寄出明信片是必不可少的。

5. 可以在家中找到一处让你安心写字的位置。你不必总是坐在书桌前。我最喜欢在餐桌前写明信片，因为我可以把所有文具都摊放在桌面上。

6. 最重要的是，请记住，不必把一封信写成一本小说——甚至是一本中篇小说。在精致的纸品上快速写下几句话，再贴上一张漂亮的邮票后寄出，任何收信人都会感到心满意足的。

明信片

Handwritten Notes

泰德小贴士

给一位朋友写张明信片吧，哦不，多给几个朋友写吧。在手写书信早已成为历史的今天，想想对方收到明信片时会有多么惊喜啊。

Hand Soap

洗手皂

通过提高任何一件日常生活用品的品质，都能令使用感受达到“更好”的水准。洗手皂就属于其中之一。一块漂亮的法式研磨皂可以让洗澡变成很美好的体验。在浴室或厨房水槽用优质的洗手液洗手可以让整个过程变得相当怡人。我很喜欢使用来自英国的摩顿·布朗（Molton Brown）洗手液，以及来自法国的馥蕾诗（Fresh）香皂。这两款都是我们沃森·肯尼迪店中的主要产品。无论你爱的是哪个品牌，记得多备几块香皂或几瓶洗手液，这样就不会“弹尽粮绝”了。

Herbs
香草

迷迭香、莳萝、百里香、薄荷、牛至、罗勒、细香葱和欧芹，都是一些用途多样的香草。新鲜香草是烹饪时的必备品，因为它们能提升料理的味道。不过，即便是单独使用香草时，其本身也别具风味。另外，香草还很适合与大束鲜花混搭在一起。我喜欢用迷迭香的小枝条搭配百日菊，在夏末时节带来一丝清新的感觉。你可以使用可爱绿色系的薄荷，搭配粉色的玫瑰或芍药。如果花市或超市里没有能激发你灵感的素材，你可以试着把各类新鲜香草放入每位客人面前的简洁玻璃杯中，既快速又简单地为餐桌增添一抹吸引眼球的绿色。下次晚宴时，你就可以这样尝试。我不精通园艺，但种植香草是件非常容易的事。你可以试着在窗沿边摆放一些花盆来种植，或是挑战在室外的大花盆里或某一块地里种植香草。相信我，你不仅会在尝试之后感到很开心，而且会觉得努力之后的回报很大。如果你频繁浇水、照料香草的话，它们会像野草一般飞长。

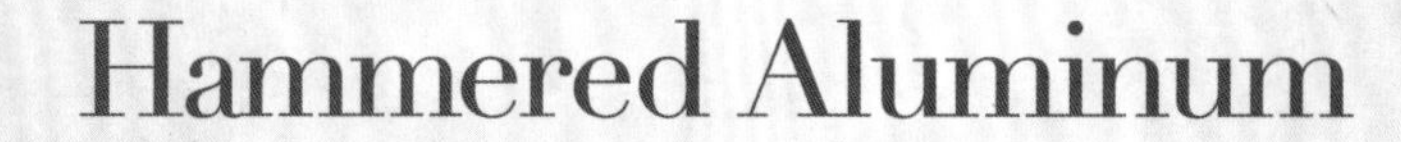

锻造铝器

锻造铝器起源于20世纪20年代，从20世纪30年代起开始风靡。当时，这种铝器被作为结婚礼物，很是流行。我们的结婚礼物里就有一只祖传的锻造铝制冰桶。在收到这份礼物后，我们便开始了铝器收藏。我之所以把美丽的铝器制品列入书中，是因为这类价格实惠的复古器具不仅是馈赠好礼，也适合收藏。旧货集市和跳蚤市场里常会有很多铝器，所以价格也一直都保持在低位。你可以挑选到漂亮的大浅盘、托盘、碗以及我最爱的冰桶。铝器的材质轻盈，多带有浮雕图案。

动物犄角作为一种天然材料，可以制成杯子、项链、勺子或是餐刀。它的用途百变多样，而且制成的每一件物品都是独一无二的。现在常使用的大多数的犄角来自公羊、水牛或母牛，因为只有从禽肉业副产品或是自然死亡的动物身上才能获得此类原材料。加热犄角会使其变得柔软，再经过塑形和切割后便可制成各种物品。角制品既有造型感，又有趣味性。我特别喜欢在写字台上放一只犄角制笔筒来盛笔，或是用带着犄角手柄的刀子切奶酪。

Horn 角制品

Hotel Silver

酒店银器

我之所以喜欢酒店银器的最主要一个原因就是，我可以好好使用并享受这些银器。很多银器纯粹是装饰品，无法达到盛放食品的安全标准。从19世纪末到20世纪60年代，酒店银器一直提供给酒店客人用来摆放各种物品，譬如，茶壶、咖啡壶、面包盘、果盘、碗和托盘。酒店银器流行于欧洲和美国。你仍可以在旧货集市、跳蚤市场或是诸如沃森・肯尼迪、波道夫・古德曼（Bergdorf Goodman）的百货商店里找到酒店银器。鉴于每件银器的吸引力不同，定价可能会相当高——但这是很值得的，因为你可以从一件银器中获得长达数年的享受。很多银器上饰有酒店名称，显得更为引人注目。每件酒店银器都有一段历史和值得诉说的故事。

泰德小贴士

若想收藏酒店银器，最简单的起步方式便是开始收集某一类银器，譬如餐刀。你可以把餐刀竖着放进透明玻璃底座，然后摆在厨房台面上，时不时拿出来用一下，或是在每次看见餐刀时品味一番。

SAVOY

good
good
good

WK

Honey
蜂蜜

数年来，蜂蜜吸引着很多人工养蜂者的注意。他们把限量的高档蜂蜜存在瓶子里。蜂蜜可以加入茶中、抹在吐司上，或是作为一种食材。任何食物在涂上蜂蜜后就多了一份甜蜜。你可以准备各类蜂蜜，譬如在旅行中购买一些蜂蜜，作为实用的礼物。比起赠送酒水，我更喜欢把蜂蜜作为礼物。无论在鸡尾酒会或是晚餐聚会上，蜂蜜都是搭配一大盘奶酪的绝佳选择。

我们都是茫茫世界中的旅人，旅途中最美好的事情莫过于觅得一位挚友。

——罗伯特·路易斯·史蒂文森[9]

i

对冰块的第一印象当然就是正方形的，但其实正方形冰块是很少见的。冰块最常见的形态是碎块状、半月形或圆形的——这些形态的冰块融化速度相对较快。由于厨具店货架上的超大型冰格越来越多，现在顾客很容易便能买到冰格。既然冰块尺寸变大了，融化速度就会变慢，让你的饮料不至于很快就被稀释。另外，冰块在玻璃杯里的样子也很有趣。某日我在纽约，天将欲晚时，我坐在费里曼的酒吧里，等着我的大学老友共进晚餐。我享用着鸡尾酒，并应酒保邀请，欣赏了他把方形冰块碾碎的表演过程——这就是最好的“餐厅剧场”。

冰桶

Ice Buckets

斗转星移，冰桶已变成了历史遗留物，但最近又开始流行起来。我认为应该复兴传统，在厨房台面或小吧台上摆上一只冰桶。无论材质是水晶、银、玻璃、锻造铝或是涂漆的，一只冰桶不仅具有盛放冰块的功效，造型看起来也特别时髦。必要时，冰桶亦可变成令人称奇的花瓶，你在下次晚宴时可以在里面插上一捧茂盛的花束。

经常要多备好一大包冰块。

一只满满的冰桶也可以变得很美丽！

Italian Wrapping Paper

意大利包装纸

意大利包装纸可以将礼物包装档次提升到一个新境界。意大利人把包装纸做得多精美啊！很少有其他包装纸能具有意大利包装纸的质感。当你折起一角时，纸张就会出现完美的褶痕。现在再让我们讨论一下包装纸的图案：意大利包装纸有很多经典款式，其中佛罗伦萨式样是我个人最喜欢的。纸张色彩饱和、生动，不仅很适合作为礼物包装，用在艺术作品中也很不错。你若有机会看见这类纸，请买回来感受一下。你会立刻注意到意大利包装纸和普通纸的区别。

Jam Jars 果酱罐

把用后即丢的日常用品收藏起来不失为一个开启收藏的有趣方式。当你把某类物品大量聚集在一起时，就能吸引人们的眼球了。旧果酱罐是绝妙的储物容器，可以用来存放那些散装的食材，譬如胡椒、杏干或香草。果酱罐也相当适合在野餐前用来提前酿酒，因为罐头盖子能够紧紧地密封住罐内液体，便于携带。一旦你吃完了果酱，就开始用这些罐子吧——它们是颇具潜力的实用物品。

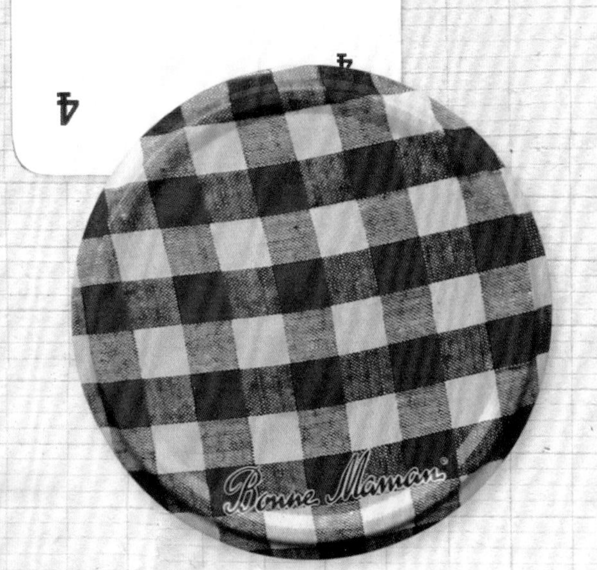

简化、简化、再简化！让生活变得简单，提高生活的目标。

——亨利·戴维·梭罗

跳蚤市场或二手商店是很适合挑选复古刀具的场所。这里有各种各样的材质手柄的刀具——动物骨头、纯银、珍珠母制成的刀，它们非常适合用作精美的开信刀或是高档的乳酪切刀。把各类刀具放在一个老旧的玻璃容器里，就能变成颇具造型感的装饰物。和复古钥匙一样，复古刀具的背后也有一段段历史和值得诉说的故事。

Knives 刀具

Keys
钥匙

好吧，准确地说，我在这里要聊的是复古钥匙。在过去几年内，一股真正的、围绕钥匙用途展开的设计风潮涌现出来，而把钥匙设计成珠宝的风潮尤为盛行。我想在这里针对复古钥匙的狂热说几句。复古钥匙是一种外观有趣的设计作品，聪明的商家会把它们都陈列出来。我们常在店里的一只大碗中装满复古钥匙以待出售，而观察一个人到底倾心于哪款钥匙是件很有趣的事。我们的一位常客在过去数年里已购买了数百把钥匙，她把这些钥匙当作小礼物或小纪念品送给朋友或是纯粹的陌生人。相信我，请试着把复古的钥匙握在手中，你会有所感触的。

一只盛满柠檬的碗，这是多么值得一看的景象啊！无论是将一片柠檬放在一杯气泡水里，还是切碎一些来搭配烤鸡，抑或是作为基本配料制成快速简单的油醋汁，柠檬从不会令人失望。我想说，当世界递给你柠檬时，就把它做成既可口又悦人的油醋汁吧！由于制作油醋汁的配料种类不多，所以制作关键在于使用特别新鲜的柠檬汁和上乘的橄榄油。每次我喜欢多做一些油醋汁，存放在小小的Weck玻璃密封罐里，当作简单的小礼物进行分发。在梅尔柠檬正当季时，我会把一大袋柠檬榨成汁，然后把鲜榨柠檬汁放入冰箱，以备不时之需。这样一来，我们整个冬天都能享受到劳动“成果”了——其实是“成果”的汁水。在做菜配方里加些柠檬汁，那便是再好不过的了。

柠檬油醋汁

1. 榨1只新鲜柠檬，取2汤匙新鲜柠檬汁。
2. 取一只碗，往柠檬汁中加入1汤匙第戎芥末酱。
3. 加入适量的盐和胡椒。
4. 加入1/4杯家中最棒的初榨橄榄油。

柠檬

Lemons

泰德小贴士

请在你每天喝的水里加一片柠檬。

Locker Baskets

储物篮

亲爱的读者，你们读到现在可能已经发现：我喜欢老古董。不仅如此，我是真真切切地爱着它们。我觉得这些老古董占据了我们生活中很特殊的一部分。使用复古老旧的东西是循环利用最棒的方式之一。如果我们必须和各种“物件”生活在一起，那就最好和一些真正的“好物”生活在一起，譬如，复古的储物篮。你可以在旧货集市、跳蚤市场或是类似沃森·肯尼迪的店铺中找到这种篮子。你既能用这些篮子装东西，又可以把它们挂在墙上，以放下更多的物品。它们具有强烈的工业美感，而且相当耐装，因此带有一种实用主义的气息。

Lucite
树脂

树脂是一种兼具现代和复古质感的材料，能为任何空间带来新奇的感觉。也许你在茶几上放了一只人工树脂托盘，用来盛放小吧台上的物件，或是在沙发边摆了一张树脂小桌子，可以放置台灯或其他物品。无论用途何在，树脂总能赢得设计师的青睐，且颇具可塑性。该材料在1928年被开发出来后，由罗门哈斯公司（Rohm and Hass）以“宝克力”（Plexiglas）为商标打开了市场。

Letters
字母

我们会一整盘一整盘地卖出各种字体的字母，而人们购买这些字母的理由也是多种多样的：在信封上加上收件人姓名的首字母作为装饰、拼出自己喜欢的单词，或是用于有创意的艺术项目中。无论用在何处，字母摆件会如同礼物一般，将空间装饰得富有个性起来。在下次举办晚宴时，复古的游戏字母可以完美替代名卡，为你的客人指明落座位置。当超大尺寸的字母或悬挂或摆放在书架上时，就变成了展示屋主姓名首字母的艺术品。

美丽的事物永远令人喜悦。

——约翰·济慈

字母组合图案是一种将物品个性化的特殊方式。若在送给别人的礼物包装上加上收礼人的姓名首字母或是家宅的名字（参见“为家宅取名”一章），说明送礼者是多费了一份心思，让礼物变得更特别了。一件在口袋上绣着字母组合图案的衬衫就是在向衣服的所有者展示其品牌。通过这种私人化的方式，一件物品就能真正归你所有了。对我而言，这样的物品便是里昂·比恩（L.L.Bean）的字母组合图案包。自年轻时起，我便背着这个牌子的包四处周游，观看网球公开赛。这款包是市面上最耐用且性价比最高的包，很容易就能买到。我特别喜欢这款包，而且每逢有人生孩子、买新房或是应得一份个性化礼物时，我们就爱送出这款包作为礼物。当你携带着各类礼品、需要把所有东西装在一起时，带着字母组合图案的“船形手提袋”便是一个不错的收纳物。这款包就配有各色手拎带和字母图案。

字母组合图案
Monogramming

Multiples of Things

成倍的物品

在这一章里，让我们想想数字的优势吧！把寥寥几只碗搁置成一排是很漂亮的，但把大量的碗搁置在一排会显得更为美丽。某类物品若是拥有成倍的数量，便可产生强烈的视觉效果——幻想一下摆满蜡烛的壁炉架吧！当你大量使用同一种物品时，人们在视觉上就会把这些物品视为一体，而你便完成了一次相当惊艳的布景。再想想以下场景：一张餐桌上摆满了透明玻璃水杯，每只杯子里都插着一朵郁金香。如果把某一类物品大量聚集起来，就能让简单的场面变得宏大，制造出非凡的视觉冲击力。

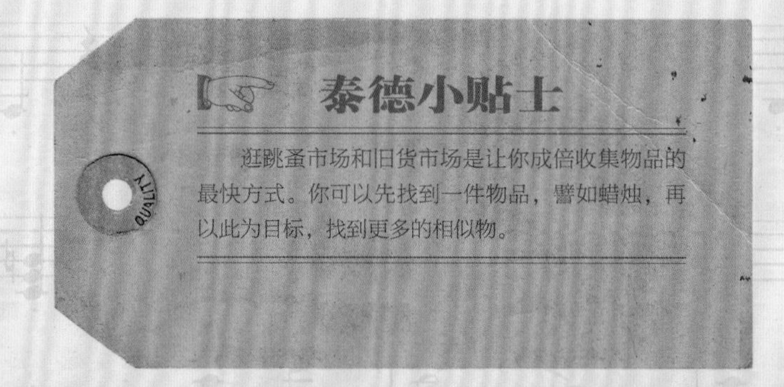

W4
W4

关于马提尼鸡尾酒的调制方法，无论是用金酒还是伏特加制作（我们是热爱金酒的人），方法虽然简单，但很多人还是会羞于回答。所以，能调制马提尼酒的人真是令人瞩目的。下面就是我的方子。我发现，金酒温度越低，口感越好——把酒瓶从冰箱里取出来时的温度便是最佳温度。这真是一个相当简单又美妙的方子。

1. 往加满冰块的调酒器里倒入3至4盎司（100克左右）的金酒（酒量视玻璃杯大小而定）。
2. 加入1/2至1盎司（15克至30克）的苦艾酒。我喜欢只加一点点苦艾酒，但其他人喜欢多加点。
3. 盖上调酒器的盖子，不断摇晃。
4. 先把两颗插在牙签上的橄榄放入马提尼玻璃杯中，再倒入酒。

• 马提尼 •

Martini

Music {Sheet}

音乐（琴谱）

复古琴谱是我在开店之初便布置在店内的物品之一，也曾被用于我们零售店的展厅里。纸张的重量和泛黄程度影响着琴谱的迷人程度。带有音符的琴谱既可被作为不错的艺术品，又可叠放在盘子底下，还能在必要时作为临时的垫子。你可以在标价拍卖会或是跳蚤市场上买到这些琴谱。我认为，把这些琴谱利用起来，就是对它们最好的循环方式，因为这样做能恢复它们的生命，让你欣赏到这些纸张的美丽——而非仅仅将其放在抽屉里，任凭它们从书本中脱落。即使你像我一样不会读谱子，这些富有韵律的图案也是很有视觉吸引力的。我们也会用碎纸机把旧琴谱弄碎，放在礼品盒中作为填充物。

Naming Your Home

为家宅取名

为何不给你家取个名字呢？此事并非专属于古老、高贵的英式庄园。无论你是住在公寓还是大别墅里，起了名字的家宅会显得更为私人化。一句“晚上七点来盖恩斯伯勒喝一杯吧”，比起只向对方报出一个街名显得更为贴心，也能让你家变得特别起来。我们在周末去做客时，常常会送出私人礼物（笔记本或大手提袋），上面就会印着我们家的名字。

近年来，朋友们总会把他们找到的废弃鸟巢送给我。我喜欢把鸟巢放到钟形玻璃罩下，不仅能保护鸟巢，也使鸟巢显得重要。在各种我喜欢的事物中，我深深喜爱着鸟儿，并珍爱着它们的巢。鸟巢带来了大自然的气息，也不时提醒人们放慢脚步，享受工作。看鸟儿筑巢是一种相当奇妙的体验。一点一点，一件一件，鸟儿筑出的巢穴就像是小型艺术品。我亦喜欢把家当作巢穴，步步打造，过了一段时间后，家中就能变成我们想要的样子。

思绪，合上你的双翼吧。这里是沉默的洞穴，是安静的巢窝，是孵化你梦想的地方。

——乔安·沃什·安格伦德[10]

巢 Nests

请把这句话铭记在心：每一天都是这一年中最棒的一天。

——拉尔夫·沃尔多·艾默生

Outdoor Shower
户外洗浴

我想要解释清楚的一点是：我所提到的户外洗浴，是要在洗澡时能有大量热水供应的。我曾见过一种室外淋浴系统，只要把一头接到花园内的水管上就可以了——瞧，户外洗浴设备搭好了！但这并非我所想象的方式。说实在的，没有什么事情能比户外洗浴更有趣了。在阳光或星空下洗澡，的确能把洗澡这件普通的事情变成神奇的体验。我第一次体验户外洗浴是在缅因州东北港的一座可爱宅邸外，第二次体验洗浴的地点是好友卡拉·韦尔斯的小房子外。这座小房子坐落在长岛北福克的南澳镇。而这次体验促使我们计划在自家室外搭建浴室。我们的海边小屋名为“西坊”，坐落在瓦申岛上。我们搭建了一个简易的木头平台用来支撑洗浴设备，并摆上了一盆盆香气四溢的天竺葵，好让洗澡时多享受到一些色彩和芳香。如果有条件在室外搭建浴室，请最好选择私密性较强且看得到风景的空地。无论看见的是你家花园还是山水景色——请抓住一切机会。在搭好洗浴设备后，你会感到很开心的。让我告诉你，这就是天堂，纯粹的天堂。

露天用餐

Outdoor Dining

好好对待每一顿饭。

露天用餐是一件令人愉悦的事。若是找不到多余的桌子，或是条件允许的话，请把你的餐桌搬到室外享用美食。我们在瓦申岛的家中就会这样做。在露天用餐会立刻提升你享用早、中、晚三餐的感受。为了这难忘的宴席，请你用最上等的亚麻布和餐具来布置餐桌吧。蜡烛、花朵、短效物收藏品——全都应该放上餐桌。多费一些心思吧，回报是相当值得的！

牡蛎不仅美味，供食客们享用后剩下的贝壳还可用于各种布置中。我最喜欢用牡蛎壳铺在玻璃容器的底部，把洁白的水仙球茎放在上面，然后再摆上一层牡蛎壳。待到球茎开始生长时，你会看到幼芽从片片牡蛎壳间长出。牡蛎壳也很适于沿着窗边摆放成一排，让人们想起沙滩和大海，而贝壳上变幻着的白色和灰色给人一种舒缓的感觉。在用贝壳进行布置前，请把它们放在沸水中煮一会儿，有必要的话可以多煮几遍。然后，用肥皂清洁贝壳并冲洗干净。

Orchid
兰花

兰花是一种能让你联想到美好生活的花草植物。在这种美丽花朵的装点之下，任何空间都会平添一份光彩。几年来，兰花现货的价格已显著下降，现在的价格已是相当平易近人。如果照顾得当，兰花的花期是令人惊叹的。我们的一些朋友照料同一盆兰花的时间已长达数年。最近，我们当地的杂货店主摆出了满满一桌的兰花，每盆售价10美元。我最爱用老旧的香槟酒桶种植兰花，然后把旧香槟瓶塞放在泥土上，为这株植物打造出一个奇异的家园。

{ *找到你心底的种子，栽出一朵花来。*

——吉田龟冈 }

Olive Oil 橄榄油

确切地说，特级初榨橄榄油会让你对橄榄油的想法和使用方式发生改观。改变虽小，但确实存在。加入特级初榨橄榄油可以让平淡的调料变得出彩。我很喜欢45号果园（Grove 45）和B.R.科恩（B.R.Cohn）的橄榄油。这两个品牌都来自美国，但我也喜欢意大利或法国的品牌。特级初榨橄榄油不仅口感独特，而且可以作为黄油的健康替代品。往平底锅内的蔬菜上涂抹一层特级初榨橄榄油，再放入烤箱内烘烤，你保证会把所有的蔬菜都吃光。此外，橄榄油也是我们参加晚宴时代替酒水送给对方的绝佳礼物之一。这两件礼物价格相当，但一瓶上等橄榄油带来的回味却更为悠长。

Plates 盘子

盘子是一种很容易形成收藏的物品。它们便于堆叠，因此不会占据太多空间。若在一张混搭布置的餐桌上放上各类盘子，则颇具造型感。盘子悬挂在墙上的效果也是很不错的，因此可作为艺术品来使用。旧货铺子、跳蚤市场和厨具商店都是寻觅盘子的好地方。我鼓励客人们从收集白盘子开始，形成收藏后，再逐渐拓展至收集彩色盘子。白盘子就像是白色的陶器，与任何物件都很相配，而且也能将摆放在上面的物品衬托得相当诱人。若是把新、旧盘子混搭着布置在一起，就能打造出属于自己的造型了。

泰德小贴士

请用上你最棒的瓷器吧。我要反复告诉你：用上它，用上它，用上它。盘子不是为了某个特殊日子而囤积的。即使盘子打碎了，也算是被好好用过、珍惜过的。

LAGUIOLE

Peonies

芍药

芍药盛开时有一种摄人魂魄之美。由于其花期相对较短，所以一旦机会来临，我就会让自己沉浸在芍药的世界里。无论是把芍药簇拥成一团、扎成一大捆，还是把同色花朵放在一个简单的容器里，效果看起来都是很不错的。不过，若是单独把一朵芍药放在花瓶中，花茎似在舞蹈一般，更能体现出孤芳之美。我喜欢把芍药散放在店里或家中，好让顾客或客人们随处可见花朵。当芍药渐渐凋零、花瓣开始飘落时，花瓣诗意地堆叠在一起，散发出属于芍药的绚烂。

不虚度人生的意义在于阅尽或品味充盈在每天的小细节。我发现，即使关注的是最微小的细节，也可以立马提升某段体验或某个空间带给你的享受程度。图钉就是这样的物品。市面上有很多颇具特色的图钉，所以，若是多花点时间寻找你喜欢的图钉，连你使用图钉的方式都会发生改变。已故的伟大设计师阿尔伯特·哈德利[11]会在他的灵感板上使用红头图钉。这很适合他，因为他喜欢红色。而我喜欢带有数字的图钉。每当我看见图钉随处散钉在办公室的软木板上，我就会充满灵感——一切在于细节。

Pushpins 图钉

一个盛放着白水仙球茎的容器总是让我感到很开心。对大多数人来说，这是代表着节日马上就要来临的信号。但如果你像我一样是位店主，这意味着关键时刻的到来。在我的家中和店里，满眼像纸一样洁白的花瓣飘散着醉人的香气，在寒冬降临的头几个月里增添一抹我所期待的绿意。水仙不仅姿态美丽、芳香浓郁，也是一种生命力旺盛、极易于种植的小型球茎类植物。在开始种植前，你可以先挑选出喜欢的玻璃器皿，而我最喜欢的是摆放在厨房料理台上的厚厚大罐头。罐头上会有一个喜庆的绿色盖子。你可以在罐头底部铺上一圈香槟瓶塞、石块或是其他任何你喜欢的物体，只要能没入水中即可。这有助于抬升球茎，使其不会过于浸在水中。我发现，最好的排列方式是把球茎紧紧挤放在一起，让它们一个贴着一个，以防止花茎在开始生长后倾倒。一旦球茎开始生长后，我会在任何一个我想看到瓶塞的空隙处，多放入几只香槟塞。接下来，请你加入足量的水，让球茎底部也能浸没在水中。你会惊异于水仙发芽速度之快。一切就是这么简单。另外，请确保容器中的水位保持在初始位置。我发现，把水仙放在高颈瓶中有助于其生长，因为一旦花茎变长，瓶身便能支撑起花茎，使其不至于倾倒，从而避免了我经常听到的关于这种可爱花朵的问题。一旦把这些工作做好，你就可以享受美丽了！

白水仙
Paperwhite Narcissus

Quality
质感

质感，在字典里意为“衡量其他同类物品的标准”，代表着某件物品的优异程度。每个人对于“质感”的定义不同。对于不同的所有者或体验者而言，不同的物品或经历都可能具有大相径庭的质感。可能你认为某物品的质感很好，但你身边的人却不这么认为。之所以把“质感”一词列入本书清单中，是因为我认为判断质感是一件很主观的事。如果你觉得某样物品质感颇佳，就请多多使用这种物品。对我来说，“质感”就是最近重新镀银的酒店银器的重量和色泽，是我蜷着读书时披上爱马仕绒毯的感觉。对于质感这件事，做对一件事可以弥补做错一堆事，而且这是你能从骨子里感受到的。

泰德小贴士

请记得在进出门时为身后的人留一下门。能做到这点的人太少见了。

意式烩饭是你一旦掌握了技术，就会经常制作的菜肴。无论是作为一个人还是一群人的晚餐，丰盛的意式烩饭都会让人感到很满足。以下面这款最基本的食谱为基础，你还可以加入自己喜欢的食材。我最喜欢加入的一些食材是：南瓜香肠、各类野生菌菇、虾和豌豆，而加入少许藏红花调料能为烩饭带来多层次感的美味。

意式烩饭

1. 把7杯鸡肉高汤倒入锅中、放入炉子加热后，保持常温，待用。

2. 取一只大小合适的锅，比如酷彩（Le Creuset）的锅具，用4汤匙特级初榨橄榄油和1小块黄油煎炒1只切好的甜洋葱。

3. 加入2杯意大利米（Arborio）进行翻炒，直到米粒均匀地裹上调料且变热了为止。

4. 加入1杯白葡萄酒进行炖煮，直到米饭完全吸收了白葡萄酒为止。

5. 开始往米饭中加入滚烫的鸡肉高汤，每次加入1杯即可。加入后请迅速搅拌米饭，使其不至于粘锅或焦糊。（米饭应快速炖煮。）

6. 在米饭完全吸收了高汤后，加入第2杯高汤并再次搅拌，直到你加完这6杯鸡肉高汤为止。（约需20—25分钟。）

7. 加入盐、胡椒和1杯磨碎的新鲜帕马森干酪（Parmigiano-Reggiano）。

8. 把锅从炉子上移开，加入1/2杯鸡肉高汤并搅拌，静置几分钟。

9. 完成后，如果你觉得在米饭中加入更多汤汁可使其变得更为美味柔滑，可以把剩下的1/2杯高汤加进去搅拌，再淋上更多的干酪，就可以端上桌了。

Risotto

Radishes
萝卜

几年前，当我们在巴黎时，一位法国朋友特意为我们举办了一场晚餐会。我们当时找不到车位（这在巴黎是常事），所以迟到了一会儿。在一间装修时髦的起居室里，其他客人们都围坐在一张超大的茶几四周。我们的朋友是位风雅之士，擅于将各类人、物和食品混搭在一起。在那场聚会上，每个人都在用平底玻璃酒杯喝香槟，杯子虽然很简洁，但是很有造型感。茶几的正中间有一只浅盘，上面放着一大堆萝卜、一罐黄油和一碟海盐，作为晚餐前的点心。我也曾用萝卜蘸着盐吃，但从没尝试过搭配黄油，所以觉得很新奇。有些客人一边啜饮着香槟酒，一边随意地拿萝卜蘸着黄油吃。还有些客人会先用萝卜蘸一点黄油，再撒上些许海盐。我也尝试了一下——萝卜的苦味混合着黄油的香甜和淡淡的盐味，口感真是奇妙！现在，每当我们买回新鲜萝卜或是招待来访客人时，一定都会准备这道零食。尝试一下吧，希望你会喜欢上这种吃法。

泰德小贴士

记得要一直待在聚会现场哦。这可不是清洁厨房的时候。

Roasting Vegetables

烤蔬菜

打开烤箱，用高温烤蔬菜——每个人都会喜欢上这种烹饪方式，并几乎想把每种蔬菜都放入烤箱烤一烤。烘烤过后的蔬菜有一种自然的甜香味。我是从伊娜·加登的节目《赤足女伯爵》（*The Barefoot Contessa*）里学来这招的。任何一种蔬菜都是可以烘烤的，譬如花椰菜、球芽甘蓝、洋葱、南瓜和芦笋。你可以先把特级初榨橄榄油抹在蔬菜上，再把蔬菜平铺在烤盘上，撒上盐和胡椒，放入200℃的烤箱中烘烤。为保证蔬菜受热均匀，你需要在烘烤过程中不时晃动一下烤盘。烘烤时间视不同蔬菜而定，所以请随时留心烤箱内的蔬菜。烤蔬菜的味道真是好极了！

多年前，当我还在经营自己的批发展厅时，曾与一位法国绅士有过生意上的往来。当我们在一家法式餐厅里共进商务晚餐时，他点了一瓶玫瑰红葡萄酒。这已是十五年前的事了。那是一家相当不错的法式餐厅，但酒单上只有一款玫瑰红葡萄酒，因为当时桃红葡萄酒并不是很风靡。而现在，很多酒商都在销售玫瑰红葡萄酒，这让我很开心。那位绅士告诉我，他在马赛郊区长大，母亲长年饮用美味的玫瑰红葡萄酒，而且常常冰冻了喝，还要加冰块。从那以后，我便迷恋上了玫瑰红葡萄酒，一种让人想起夏日时光和慵懒午后的酒。尽管你想要用新鲜可口的葡萄酒搭配食物，也可以试着常年饮用玫瑰红葡萄酒。邓皮耶酒庄（Domaine Tempier）和埃克斯（AIX）出品的玫瑰红葡萄酒是我非常喜欢的两款酒。凯歌香槟（Veuve Clicquot）也有一款不错的玫瑰红香槟。让我们一起享用吧！

Rosé

生活本身就是一部最美妙的童话。

——汉斯·克里斯蒂安·安徒生

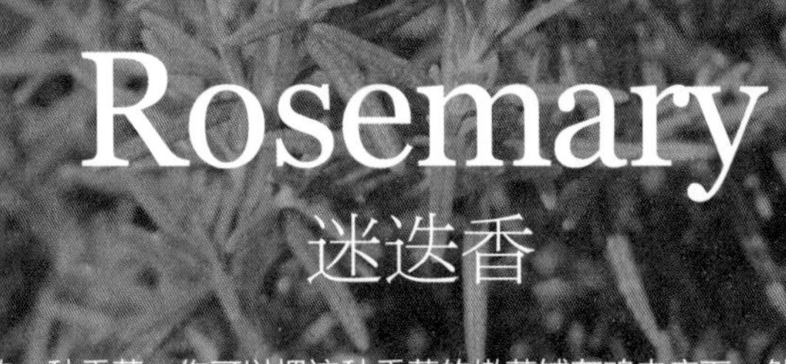

Rosemary
迷迭香

迷迭香是我经常找寻的一种香草。你可以把这种香草的嫩芽铺在鸡肉底下，然后放入烤箱烘烤。一股香甜又质朴的气味便会弥漫在整个屋子里。我还喜欢把香草嫩芽放入百日菊或玫瑰的花束中，让茂盛的茎秆与绽放的花朵相映成趣。迷迭香是我们每年在岛上重新种植香草时首选的植物。它们生长茂盛，极易于种植，而这种充满芳香的植物与其他各类香草也很搭配。

Rubber Stamps
橡皮印章

如果没有橡皮印章，我们会是怎样？我几乎每天都会在店里用橡皮印章快速敲出一个个记号或是信封上的地址。橡皮印章具有各式各样的尺寸和图案，因此想要找到符合你需求的一套印章是相当简单的事情。在挑选好一系列的印台颜色后，你就拥有各种选择了。如果你是使用橡皮印章的新手，可以先试着收集一套字母图章。你会讶异于很多物品都能用上这些字母印章，譬如礼物吊牌、个性化书签，或是送给朋友的特别卡片。我认为，身边存放一些字母橡皮印章就像是备着一台打字机。这些印章可以让你方便地敲出一个记号或是一句简短的问候，而且看起来相当专业。你还可以试着在牛皮纸上敲印章，制造出有趣的复古外观。

Ribbon
彩带

彩带可以彻底改变一件礼物的外包装。一流的包装纸当然是必备的，但“恰到好处”的彩带可以提升整体效果，并激发出收礼者在拆开礼物时的喜悦。由此可见，一条优质的彩带是能带来乐趣的。当你出门去逛类似我们店铺的小店、手工艺品店或纺织品店时，请您留意一下彩带。大部分零售商会按长度卖彩带，而你可以把买来的彩带装入一个小盒子中，在包装礼品时拿出来使用。如果挑中的彩带特别符合你的心意，那就把整卷都买下吧！一件包装得当的礼物是多么赏心悦目啊！

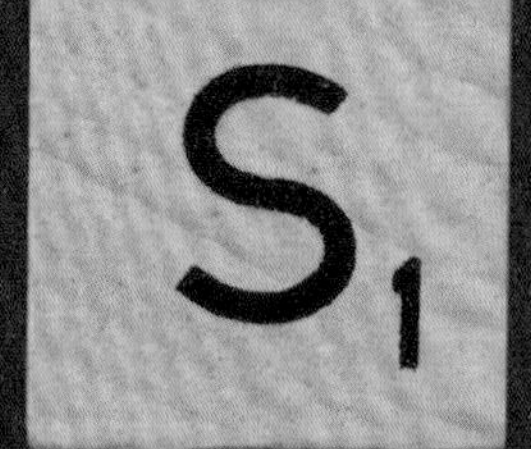

Salon Style

沙龙风格

按照“沙龙风格”悬挂艺术品已不是一件新鲜事，但在近年来，我们发现这样的做法很多见。我欣赏这种风格，因为它能瞬间在房间或家中营造出温暖又多层次的感觉。“沙龙风格”的目的在于营造出集合的感觉，因此，你所看见的艺术品虽是一个整体，却又是各自独立的。你可以找出其中的平衡点，比如把几幅作品挂得紧密一些，再把其他作品挂得松散一些。你还可以先在地板上对作品进行组合，并随意调整至满意为止，然后再挂到墙上去。我对于悬挂任何一件艺术品的建议就是：作为主人，你必须喜欢这种布置方式，因为每天与这些艺术品朝夕相处的是你。除此之外，我就没有别的建议了。你可以不断调整悬挂艺术品的位置，直到心里满意了，就算大功告成。

多年以前，单枝花花瓶就已经改变了我对待花朵的方式。每当我凝视花朵、检查茎秆并欣赏其盛开的瞬间时，花朵都能带给我真正的快乐。而单枝花花瓶的美丽就在于它能将每一朵花单独展现在你面前，也能让你用区区几朵花来装饰空间，而不至于浪费太多钱。现在，大部分超市里都会辟出鲜花区域，出售一盆盆鲜花。无论买来的是一朵、数枝还是几束花，单枝花花瓶都能在你家中或餐桌上呈现出鲜花。我喜欢把我们在旅途中买来的透明复古瓶子当作花瓶，但其实任何一种容器都能被用作花瓶，譬如酒杯、梅森罐或者药罐。经常换水、修剪茎叶就能延长花期，从而给你带来更多享受。每天都与鲜花相伴吧！

单枝花花瓶
Single-Stem Vase

Silverware 银器

我嗜好银器，喜欢每一把珍珠母材质把手的刀具，总要在晚宴时用它们完美地切奶酪。虽说搜集的银器应当与收藏的餐盘相搭配，但这也非必须不可。不过你还是在逛旧货市场时看看有没有搭配的银器和餐盘吧。经过混搭布置的餐桌看起来相当吸引人，而且能展现出整套餐具。希望你能在挑选银器和其他餐具的过程中获得快乐。无论把手的材质是犄角、动物骨头、纯银、镀银或是珍珠母，都能被搭配制成美丽的银器。

想想把成堆的书本和杂志作为一道“开胃菜”的情景吧。这一章可以和前面“成倍的物品”一章搭配起来阅读。书籍在杂乱散放时看起来很迷人，而在摆放整齐后都可以被拍成照片了——一叠叠毯子或餐巾亦是如此。任何物品在被集合并堆叠到一起后，都会看起来好多了。即使这些物品的颜色和材质都不同，只要经收集和堆叠后就能成为一个整体，就会显得非常悦目。所以，当你在收拾杂物时，试着把物品堆叠起来吧，这能产生奇效。

堆叠的物品

Stacks of Things

在家中自制鸡汤是一项非常简单的任务，而且能达到完全令人满意的效果。我喜欢在某天傍晚准备晚饭时烤好一只鸡，然后用剩下的鸡骨架和鸡肉制作高汤。你可以把接下来几天都不会用到的食材冷冻起来，再把你马上就会用到的食材冷藏起来。我喜欢在第二天晚上用新鲜的高汤制作意式烩饭。

鸡汤

1. 在大小合适的锅中注满水，加入已煮熟的鸡骨架。
2. 加入2只对半切开的白洋葱、几根芹菜、一些去皮的胡萝卜、带根的欧芹、1汤匙盐和12粒干胡椒子，并让这些食材浸在锅内的水中。
3. 将水烧开，再把火调至文火。
4. 文火慢炖4小时。
5. 把锅从炉子上挪开，冷却并沥出汤汁。

Stock 高汤

Seasonal Living

随季节生活

随着季节生活应是一种日常生活态度。如果你能做到这一点，就会更加注意周围环境、重视享受当下，譬如早春时节买郁金香、夏日里尽情享用新鲜的玉米和番茄、秋季囤积木桩、冬天用玻璃容器种植白水仙。虽然你可以在一年的任何时间里做这些事情，但你其实在当季才可以买到长势更好的郁金香、吃到更优质的蔬菜，并且以低廉的价格买到上市的产品。按照你居住地点的不同，随着季节生活的方式也是不同的，但无论你身处何方，这样的生活方式的确能丰富你的日常体验。

> 人生在世的首要事情就是保持灵魂的高尚。
>
> ——古斯塔夫·福楼拜

Seashells

贝壳

在房间里加入一些沙滩元素可以起到画龙点睛的效果。可能是因为我从小长在美国中西部地区，很少见到水域，所以贝壳对我而言有着很大的吸引力。贝壳能为整体布置带来一种随意感，而你可以长期用一只碗或者飓风鸡尾酒杯来收集贝壳。盛满贝壳的容器能让人愉快地回想起过去的海滨之旅。或者你也可以把最喜欢的海星支在窗台上，以纪念在海滩上度过的休闲一日。

郁金香意味着春天的降临。每当被问起时，我都会说郁金香是我很喜欢的花卉。郁金香很茂盛，叶片很优雅，和其他花朵搭配起来也很好看。我最喜欢把同种颜色的郁金香捆成一束的样子。郁金香多生长在温室，在很多杂货店和集市里都有出售。冬天快过去时，你会发现郁金香一下子都上市了。于是，郁金香当季的时间加长了，供我们享受的时间也更多了。你可以每隔一天就换一次水、修剪茎叶，以延长你欣赏这种可爱花朵的时间。

Tulips 郁金香

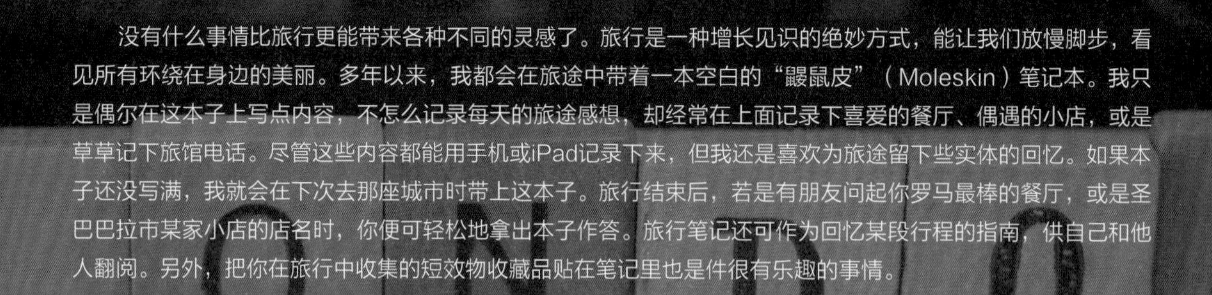

没有什么事情比旅行更能带来各种不同的灵感了。旅行是一种增长见识的绝妙方式，能让我们放慢脚步，看见所有环绕在身边的美丽。多年以来，我都会在旅途中带着一本空白的“鼹鼠皮”（Moleskin）笔记本。我只是偶尔在这本子上写点内容，不怎么记录每天的旅途感想，却经常在上面记录下喜爱的餐厅、偶遇的小店，或是草草记下旅馆电话。尽管这些内容都能用手机或iPad记录下来，但我还是喜欢为旅途留下些实体的回忆。如果本子还没写满，我就会在下次去那座城市时带上这本子。旅行结束后，若是有朋友问起你罗马最棒的餐厅，或是圣巴巴拉市某家小店的店名时，你便可轻松地拿出本子作答。旅行笔记还可作为回忆某段行程的指南，供自己和他人翻阅。另外，把你在旅行中收集的短效物收藏品贴在笔记里也是件很有乐趣的事情。

Travel Journals 旅行笔记

泰德小贴士

请将你陈旧的旅行笔记储藏在易于取阅的地方。若是觉得心痒痒想要旅行时，翻阅以前的笔记也是很有乐趣的。这就好像在一张舒适的椅子上进行了一场旅行。

Throw Blankets

绒毯

看着堆叠在一起的绒毯时，我总想蜷起身子，开始阅读好书。无论是披在椅背上还是铺在床尾，绒毯能带来一种温暖、好客的感觉。不管材质是棉质、羊毛还是羊绒的，只要清洁起来方便，你的客人和你自己都会一再地使用绒毯。绒毯是在任何客房里都很受欢迎的附加品。

每当有客人前来赴宴时，我最喜欢的一项任务就是布置餐桌。关于这件事，我从顾客那儿学来了几招，所以减轻了不少压力。我最在乎的是能否在布置餐桌时感到快乐。谁会关心桌上的搭配是否恰当呢？通过混合搭配就能布置出具有视觉冲击力的餐桌，所以，发挥你的创意吧：使不使用桌布皆可，放低鲜花位置，大量使用蜡烛（许愿烛是必备的），并在用餐时记得为客人添饮料（我们常使用气泡水）。你可以在餐桌上摆放一些不同寻常的物品。如果你刚结束一段旅行，可以把你喜欢的纪念品加入布置中，作为餐前谈话的谈资。即使你点的只是比萨饼，也可以把餐桌布置得惊艳一些。赞颂平凡的事物能让一切变得不平凡起来。若能按照自己的风格布置餐桌，连餐桌都会唱起歌来。

Table Settings 餐桌布置

Tomatoes

番茄

没错，就是它，番茄三明治！小时候，当我在美国肯塔基州的网球训练营里时，我每天都会制作番茄三明治。如果把海盐也算上的话，这款三明治只有四种原料，所以关键在于使用最佳的原料。任何一块酸面团面包都很适合制作这款三明治。稍微烤一下面包，以防它混合其他调料后变得黏糊糊。接下来就是和蛋黄酱“打交道”的时间了，你可以在两片烤过的面包上抹上厚厚的蛋黄酱。我们的很多朋友都反感过量的蛋黄酱，但这才是精华所在啊！只要你咬一口，就能明白为什么了。抹好蛋黄酱后，请你尽量挑选最成熟、多汁的番茄进行切片。混合着蛋黄酱的番茄汁也是一种调料。你可以把番茄片切得厚一点，因为我觉得这款三明治最好是做成开口的。接下来，请把两块番茄片并排放到面包上，然后撒上大量法国海盐为鲜美的番茄汁提味，以达到我们期待的口感。静置1—2分钟后，你就可以开始狼吞虎咽啦！这确实是最美味的食物。

泰德小贴士

如果你找不到喜欢的花朵，可以用番茄完美地“替代”鲜花。你可以把番茄随意地摆放在桌子上，或是在透明玻璃容器中盛满樱桃番茄。番茄多变的色泽会让餐桌显得既灵动又夺目。

没有什么能比一套可爱的餐具更能为餐桌带来画龙点睛的效果了。如果你正打算收集一整套烹饪工具，我建议你还是收集一套扁平餐具（刀、叉、匙）吧。你可以在拍卖会或旧货市场里以非常便宜的价格买到这些餐具。若是拥有了一套白色餐具，你就可以将它们与其他餐具套装进行搭配组合，布置出富有创意的餐桌。你还可以把各套餐具竖着放在玻璃容器里，将把手露在外面。在你不使用餐具时，这种有趣的收纳方式也能让你欣赏到收藏的餐具。

Utensils 餐具

Unpolished Silver

未抛光的银器

没有什么能比得上抛光银器的外观了，但若要将银器用于欣赏或是储藏在橱柜里，无论怎样你都应该选择未经抛光的银器。它们具有我所青睐的学院式老派外观。若在未抛光的托盘上放满蜡烛或是生锈的复古奖杯，我一定会被这样的布置迷倒的！你若是拥有未抛光的银器，就把它们拿出来享用吧！它们身后有太多的历史和故事了。说真的，把这些漂亮的老古董们拿出来放在身边吧，你会乐享其中的。

Vinaigrette

调料

在很多星期日的上午，我都喜欢用鸡蛋制作几道早餐，并经常搭配简单的蔬菜色拉。我最喜欢的一款调料就是利用白米醋简单制成的香葱酱。把切碎的香葱略微浸泡在白米醋里，的确能使香葱的口感变得更为醇香。在我开始制作早餐前，总会先混合一份调料，静置在一旁。当然，这款调料适合搭配于任何餐点，而不仅仅是早餐！

香葱酱

1. 取一只碗，向1汤匙切碎的香葱里加入2汤匙白米醋。
2. 加入1汤匙第戎芥末酱、2把盐和1把胡椒。
3. 缓慢加入6汤匙特级初榨橄榄油，并不停地搅拌。在你接下来做早餐的同时，把调料静置在一旁。把调料浇在蔬菜上后，你就可以开始享用早餐了。（我特别喜欢芝麻菜。）

Vintage
复古

即便你喜欢风格前卫的室内设计，也会乐意在其中加入一点复古元素的，因为复古物件能为房间达到画龙点睛的效果。烛台、醒酒器、银盘、瓶子、艺术品和短效物收藏品——各类复古物品可谓应有尽有。无论是祖传的，还是在某次难忘的旅途中购于跳蚤市场，复古的物品都能为面积或大或小的房间锦上添花。你若拥有诸如高脚器皿之类的祖传物品，那就把它们派上用场吧！它们是一种特殊的日常用品，会让我们怀念起流传下这些物品的先人。此外，你还可以利用你从跳蚤市场、拍卖会或图书馆书摊上买来的旧书的书页，改造出一堵墙或书柜。这是我常常在家里或店中摆弄的小制作，简单而快捷。这是循环利用旧书上脱落下来的漂亮书页的最好方式！

1. 首先，找出一叠你喜欢的书页，无论吸引你的是书页上的图案、字体或是文字内容。你可以试着利用不同尺寸、颜色和光泽度的书页。

2. 用双面胶将书页的四边粘到背面，把你喜欢的一面朝上。

3. 把书页层层覆盖到墙上，重叠着，填补在你喜欢的位置。必要时，你还可以用图钉制作一个临时装饰。完成后的效果不仅看起来很有趣，也算得上是一种壁纸。

Not legal for use in trade.
8
9
10
11
12
13
14
c d e f
j k l m

让我们跳出思维框架，不要局限于对花瓶的传统定义。任何一件你能想到的、可盛放花朵的容器都可作为花瓶，譬如简单的水杯、具有装饰性的大水罐或是复古的银制奖杯，效果皆堪称完美。有时，花瓶会连同花朵一起影响整体花艺的别致感。因此，在挑选花瓶时，请发挥你的智慧和创意，你会发现，一整套连花带瓶的完美布置就是对你的奖赏。

Vases 花瓶

Wrapping 包装

除了礼物本身之外，精美的包装也能让收礼者感到欣喜。一些额外的装饰不仅使包装变得特殊且有个性，而且确实能体现出你对这份礼品的格外用心。在你外出购物时，请留心一下各种带有字母或数字的物品，譬如复古黄铜模板、字母扑克牌和纽扣。我不怎么会去考虑收礼人是谁，但我总是会购买带有数字 30、40 或 50 的物品，包括包装纸和彩带。一旦发现了有趣的设计，我就会买下来，等到时机恰当时再拿出来用。如果你能在壁橱或衣柜里辟出一个小空间，用来储藏你平常收集的包装材料，你将会很期待下一次包装礼物的时刻。包装礼物的难处往往在于材料的匮乏，而上述方法有助于缓解这份压力。愿你能享受包装的乐趣！

无论室内风格是复古还是时尚，白色的碗总能与之协调。我之所以关注白碗，是因为最近集市里开始大量出售白碗。白色的碗或浅盘能将食物衬托得更为迷人，显得效果很不错。摞起来的白碗也是很漂亮的，因此你可以大量收集它们，却不会占据太多空间。另外，白碗与餐桌或自助餐台也非常搭配，相当适合在聚会上使用。

XOX记号

父亲经常在送给母亲的卡片上写下“XOX”的记号。我记得早年曾问过他这记号的含义，而直到今天，我都会在签名前加上“XOX”记号，以这种甜蜜的方式作为结束。以字母“X”代表“吻”的做法可以追溯至中世纪，而当时人们真的会亲吻写下字母“X”或是叉号的地方，以表示真心和诚意。

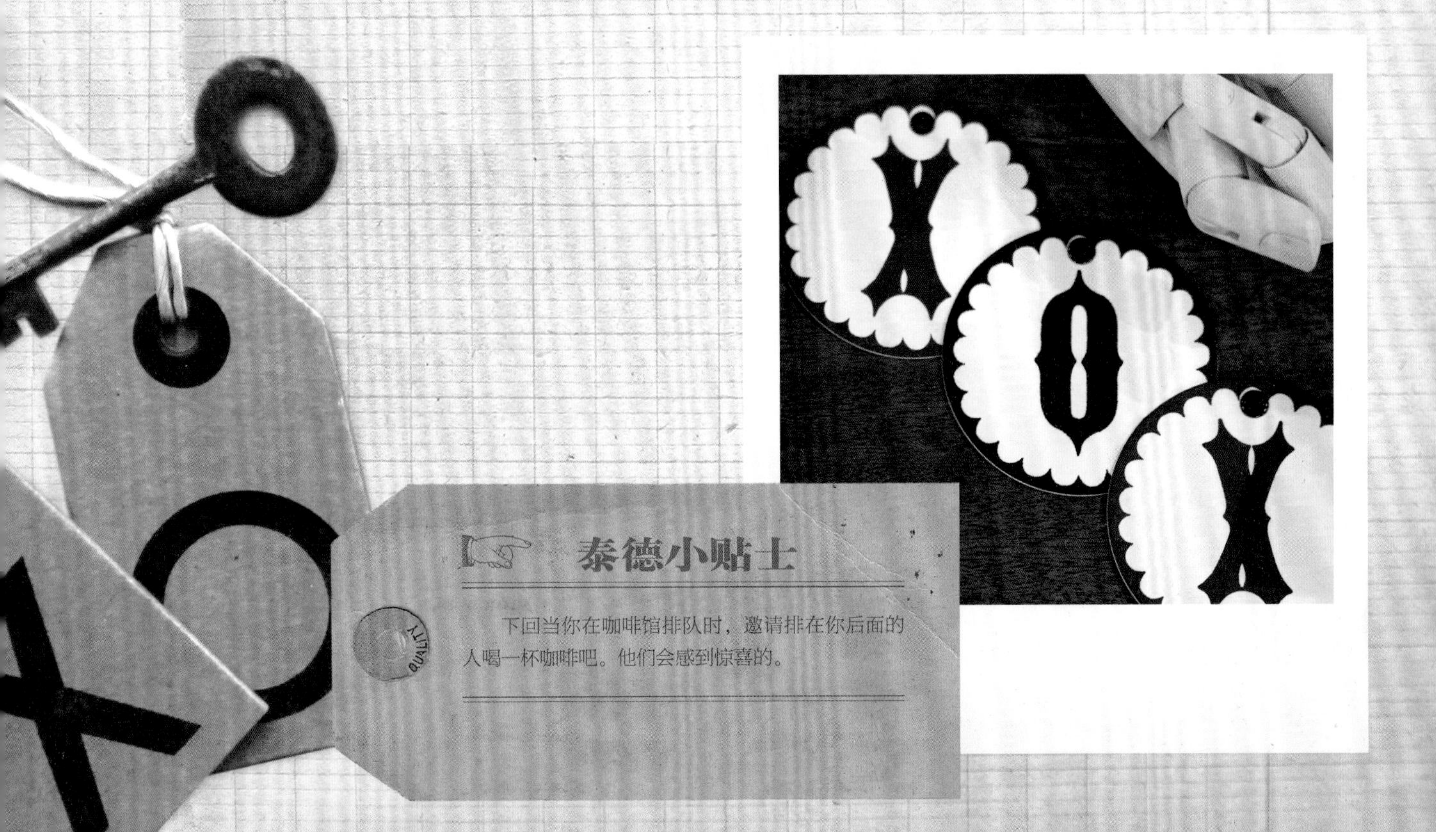

泰德小贴士

下回当你在咖啡馆排队时，邀请排在你后面的人喝一杯咖啡吧。他们会感到惊喜的。

Yellow 黄色

在纹章学中，黄色象征着尊敬和忠诚。如今，被涂成黄色的墙壁或房间代表着快乐。我的办公室和主卧都被漆成了明黄色。其实，在我们喜欢的巴黎图尔维尔酒店（Hôtel le Tourville）里，就有一间完全被粉刷成黄色的房间。这也是我们最爱住的房间。黄色是一种能让人们打起精神来的颜色，非常适用于光线不足的室内。若想在每次踏入房间时都能有一份好心情，也可以使用黄色。我最喜欢的一款黄色是本杰明·摩尔的“阳光之吻”，色卡编号为2022-20。

{ *黄色拥有迷倒上帝的力量。*
——凡·高 }

Zinnias 百日菊

百日菊是一种非常美丽的花朵，盛开在炎热的季节里。它属于为数不多的可以让我混搭在花束中以制造出不同色彩、也能够完美搭配诸如迷迭香的香草嫩枝的品种。如果你能勤换水并修剪多余茎叶，百日菊的花期就能延长，从而让你获得更多享受。若想把餐桌布置得多彩一些，你可以把同色系的花朵收集在一个小花瓶中，再多准备几种色系，摆放在每一套餐具前。这样一来，餐桌上就会变得五彩缤纷，却又不会太过度，因为每套餐具前的花瓶里还是同色系的花朵。

我想要把身边的一切都变得美丽起来。
这就是我的生活。

——艾尔西·德·沃尔夫[12]

致　谢

为此书进行写作和摄影的过程——或者说是旅程，是很特别的。我要感谢你们在一路上给予我的鼓励。感谢TPS，你永远是我最重要的啦啦队长和支持者。我们共同完成了愿望清单上的很多事情，一同度过了如此有创意的生活。感谢小狗贝利，它在我没日没夜地写作、摄影时总是陪伴在我的身边。非常感谢我们沃森·肯尼迪一家，当我外出为这本书工作时，是你们让我继续坚持下去，并为这本书的完成提供了很多帮助。感谢斯特灵出版社（Sterling）的编辑约翰·福斯特全程给予我指导和鼓励。感谢帕米拉·霍恩，她是第一个阅读我博客的人，后来又读了我这本书的大纲，说我是个“异常敏感”的人，并与我合作完成了按字母A到Z排列的构思。感谢特别有创意的平面设计师，布伦特·怀廷。他与我一同完成了封面和封底设计，并获得了极大乐趣！感谢与我一样热爱美丽事物的芭芭拉·巴里为我作序，并分享了见解。感谢纽厄尔·特纳、安娜·波斯特、丽莎·布林巴赫和丽塔·康尼格提供的精美引用——你们真是太好了，这对我来说真的很重要。最后，我要感谢所有顾客、博客读者以及照片分享网站（Instagram）、脸书（Facebook）和推特（Twitter）上的关注者们。你们逛店铺、买东西、读文章、写评论，享受着我所做的一切，这让我感到每天能有机会做这些事是很幸运的。谢谢你们陪我共同度过了出版此书的旅程。

—— XOX，泰德

资料和灵感来源

本土的独立店铺总是我购物的首选之地，因为它们在城镇和都市中展现出了自己的个性和品位。下面是几家我最爱逛的商店。数年来，这些带给我启发的店铺的店主，有些已和我成为朋友，年年都为我提供很不错的商品。每天被我们欣赏着的摆满家中的美丽物品，主要是从以下店铺购买的：

ABC Carpet & Home（纽约）、Aero（纽约）、Bellocchio（旧金山）、Bergdorf Goodman（纽约）、Bountiful（圣莫妮卡）、Dempsey & Carroll（纽约）、de Vera（纽约）、John Derian（纽约）、Sue Fisher King（旧金山）、Tale of the Yak（伯克利）和 Treillage（纽约）。

网站：

Anthropologie（家装和家居用品）

CB2（Marta系列的玻璃器皿和托盘）

eBay（复古物品）

Etsy（独一无二的手工艺品）

Gumps（首饰）

Hermes（毯子）

L.L.Bean（标准学院风格的商品）

One Kings Lane（参加网站特有的每日潮品折扣会）

Orvis（户外用品）

Ralph Lauren（床上用品和毛巾）

Sur la Table（厨具）

Target（设计师创作的物品）

Terrain（时髦的园艺用品）

Williams Sonoma（厨具）

带给我灵感的出版物：

Anthology；*Country Living*；*Domino*；*Elle Décor*；*Food & Wine*；*Garden and Gun*；*Gather*；*House Beautiful*；*Kinfolk*；*Lonny*；*Martha Stewart Living*；*Matchbook*；*The New York Times* 旗下《T》杂志中的居家、风尚和美食版；*Rue*；*Saveur*；*Town & Country*；*Vanity Fair*；*Veranda*；*Vogue*；*Wall Street Journal*（周六休闲版）。

我喜欢、热爱并钦慕的人物、地点和事物：

此列表常有更新。如需最新列表，请查阅我的日常博客www.TedKennedyWatson.com。

Axel Vervoordt; Barbara Barry; Boat Street Café; Brian Paquette; Bunny Williams; Buvette; Cafe Campagne; Cafe Presse; Canal House; Coco + Kelley; David Lebovitz; Dean & DeLuca; Dempsey & Carroll; Eddie Ross; For the Love of a House; Grant K. Gibson; Gwyneth Paltrow; Habitually Chic; Ina Garten; Jon Call; Matt's in the Market; My Notting Hill; Not Without Salt; Orangette; Pretty Pink Tulips; Prune; Rita Konig; Rural Intelligence; Sacramento Street; Smitten Kitchen; Spinasse; Style Saloniste; Unabashedly Prep; Veuve Clicquot; Zuni Café。

译者注

① 短效物收藏品（Ephemera）：指本应在使用后丢弃、却又被重新收集起来的纸品。——第10页

② 阿第伦达克椅（Adirondack Chairs）：一种户外沙发，靠背可以调整角度，沙发座通常用宽的长木条制成。——第14页

③ 比特酒（Bitters）：又称苦酒，是在葡萄酒或蒸馏酒中加入树皮、草根、香料及药材浸制而成的酒精饮料。酒味苦涩，酒精度在16—40度之间。——第32页

④ CB2家居店：美国著名本土家居连锁 Crate & Barrel 旗下的子品牌。——第43页

⑤ 茱莉亚·查尔德（Julia Child）：1912—2004年，美国著名厨师、作家及电视节目主持人。——第43页

⑥ 诺拉·依弗朗（Nora Ephron）：1941—2012年，知名时尚杂志记者、随笔作家，浪漫喜剧电影《当哈利遇上莎莉》、《西雅图夜未眠》等编剧及导演，曾荣获奥斯卡金像奖最佳原著剧本奖提名。——第46页

⑦ 雷·布莱伯利（Ray Bradbury）：1920—2012年，美国科幻、奇幻、恐怖小说作家。——第52页

⑧ 南希·斯潘（Nancy Spain）：1917—1964年，英国著名播音员、记者。——第60页

⑨ 罗伯特·路易斯·史蒂文森（Robert Lewis Stevenson）：19世纪后半叶英国伟大的小说家。代表作品有长篇小说《金银岛》、《化身博士》、《绑架》等。——第88页

⑩ 乔安·沃什·安格伦德（Joan Walsh Anglund）：作家、画家。写有很多儿童绘本书、礼物书。——第107页

⑪ 阿尔伯特·哈德利（Albert Hadley）：1920—2012年，美国著名室内设计师。——第118页

⑫ 艾尔西·德·沃尔夫（Elsie de Wolfe）：1859—1950年，美国著名室内设计师。——第156页